CATALOGUE OFFICIEL

DE

L'EXPOSITION

DE LA

RÉPUBLIQUE MEXICAINE

CATALOGUE OFFICIEL

DE

L'EXPOSITION

DE LA

RÉPUBLIQUE MEXICAINE

PARIS

IMPRIMERIE GÉNÉRALE LAHURE

9, RUE DE FLEURUS, 9

1889

EXPOSITION DU MEXIQUE

—

CATALOGUE

—

GROUPE IER

BEAUX-ARTS — ARCHITECTURE — GRAVURE

—

CLASSE I
Tableaux et Aquarelles.

—

DISTRICT FÉDÉRAL.

ALMANZA CLÉOFAS, disciple de Vélasco, élève de l'École nationale des Beaux-Arts.

- **1.** — 1. Vue de Chapultepec.
- **2.** — 1ª. Ahuehuete de la Noche triste.
- **3.** — 1ᵇ. Collines du Tepeyac.
- **4.** — 1ᶜ. Cour du Musée national.
- **5** — 1ᵈ. Fleuve de Orizaba.

ÉCOLE NATIONALE DES BEAUX-ARTS.

- **6.** — 2. Source de San-Petro à Jalapa. (Almanza Cléofas.)
- **7.** — 2ª. Le Samaritain. (Bribiesca Alberto, disciple de Pina et élève de l'École nationale des Beaux-Arts.)
- **8.** — 2ᵇ. Job. (Idem.)
- **9.** — 2ᶜ. La Charité de saint Louis de Gonzagues. (Carrasco Gonzalo, disciple de Pina et élève de l'Ecole nationale des Beaux-Arts.)
- **10.** — 2ᵈ. Le Sénat de Tlaxcala. (Gutierrez Rodrigo, disciple de Pina et ancien élève de l'École nationale des Beaux-Arts.)
- **11.** — 2ᵉ. La Charité chrétienne aux premiers temps de l'Église. (Harrarán José Maria, disciple de Pina et ancien élève de l'École nationale des Beaux-Arts.)
- **12.** — 2ᶠ. Xochitl présente au roi Tépancalzin le pulque qu'elle vient de découvrir. (Obrégon José, disciple de Clavé et professeur de l'École nationale des Beaux-Arts.)

13. — 2ᵉ. Ravin de Metlac. (Carlo Rivera, disciple de Vélasco et ancien élève de l'École nationale des Beaux-Arts.)

14. — 2ʰ. Porphyres des collines de Tepeyac. (Idem.)

15. — 2ⁱ. Cour de l'Hôpital royal. (Idem.)

16. — 2ʲ. La Collégiale de Guadalupe. (Tenorio Adolfo, disciple de Velasco et élève de l'École nationale des Beaux-Arts.)

GAMBOA ET GUZMAN JUAN.

17. — 3. Musique céleste.

DISTRICT (Gouv. du).

18. — 4. Le Mendiant. (Atanasio Vargas).

19. — 4ª. Monument de Cuauhtemoc. (Herrera Alberto.)

YZAGUIRRE LÉANDRO, disciple de Pina et élève de l'École nationale des Beaux-Arts.

20. — 5. L'Ivrogne.

HIJAR ET MILLAN ALFREDO.

21. — 6. Portrait de Mme Hijar Millan (mère de l'artiste).

JARA JOSÉ, disciple de Pina et élève de l'École nationale des Beaux-Arts.

22. — 7. Funérailles d'un indigène.

LUCIO EULALIE, disciple de Pina et élève de l'École nationale des Beaux-Arts.

23. — 8. Nature morte.

24. — 8ª. Objets de chasse.

MARTINEZ ISIDRO, disciple de Pina et élève de l'École nationale des Beaux-Arts.

25. — 9. Frère Pedro de Gante.

ORTEGA JUAN, disciple de Pina et élève de l'École nationale des Beaux-Arts.

26. — 10. Hidalgo et Morelos.

27. — 10ª. Le Secret de la vieille de Cholula.

PINA JOSÉ SALOMÉ, professeur à l'École nationale des Beaux-Arts

28. — 11. Bouquetière vénitienne.

RAMIREZ JOAQUIN, disciple de Pina et ancien élève de l'École nationale des Beaux-Arts.

29. — 12. Un Dépôt d'ordures.

RIOS ANDRÉS, disciple de Pina et élève de l'École nationale des Beaux-Arts.

30. — 13. La Promenade Santa Anita.

SILVA MARIANO.

>   **31.** — 14. Panier de fruits.

TENORIO ADOLFO.

>   **32.** — 15. Pont du taureau Orizaba.
>   **33.** — 15ª. Source du San Pedro Jalapa.

VELASCO JOSE MARIA, disciple de Landesio et professeur à l'Ecole nationale des Beaux-Arts.

>   **34.** — 16. Le Ravin de Metlac.
>   **35.** — Vue de Oaxaca.
>   **36.** — Guelatao.
>   **37.** — Vallée de Mexico.
>   **38.** — Chimalhistac San Sebastian.
>   **39.** — Promenade de Mexico.
>   **40.** — Chute du Barrio Nuevo à Orizaba.
>   **41.** — Cascade du Rincon Grande à Orizaba.
>   **42.** — Cascade de Tuxpangi Orizaba.
>   **43.** — Collines de Jalapa.
>   **44.** — Ajusco vu des collines du Tepeyac.
>   **45.** — Chapultepec vu de la butte de la Reforma.
>   **46.** — Chaussée de la Piedad.
>   **47.** — Ruisseau de Tlaxcala.
>   **48.** — Étude d'après nature.
>   **49.** — Rochers des montagnes de Atzacoalco.
>   **50.** — Chardon des Terres chaudes. (Etat de Oaxaca.)
>   **51.** — Roche de Atzacoalco.
>   **52.** — Cordillère de Ajusco.
>   **53.** — Rivière de San Angel.
>   **54.** — Arbre Perú.
>   **55.** — Pont rustique sur la rivière de San Angel.
>   **56.** — Perues des collines du Tepeyac.
>   **57.** — Rochers de Atzacoalco.
>   **58.** — Route de Agua Santa. (Tlaxcala.)
>   **59.** — Pyramide du Soleil. (Teotihuacan.)
>   **60.** — Fleuve Tacubaya.
>   **61.** — Gorges de la Magdalena.
>   **62.** — Popocatepetl et Ixtacuhuatl.
>   **63.** — Rochers de Atzacoalco.
>   **64.** — Ahuchete de Chapultepec.
>   **65.** — Tacubaya.
>   **66.** — Roches de Tepozotlan.
>   **67.** — Ahuchete de Chapultepec.
>   **68.** — Mitla. (État de Oaxaca.)
>   **69.** — Gorges de Metlac.
>   **70.** — Temascalcingo. (État de Mexico.).

71. — Montagnes de la Magdalena.
72. — Chapultepec.
73. — Rochers des Barros.
74. — Popocateptl vu de Atlisco.
75. — Guelatao. (État de Oaxaca.)
76. — Fleuve de San Angel.
77. — Temple de Saint Bernardo.
78. — Bains de Netzahualcoyotl.
79. — Fleuve Tacubaya.
80. — Étude d'après nature.
81. — Entrée du ravin de l'Agua Santa. (Tlaxcala.)
82. — La Roche enchantée. (État de Mexico.)
83. — Ruisseau de Tlaxcala.
84. — Rochers du Tepeyac.
85. — Pyramides du Soleil et de la Lune. (Teotihuaneau).
86. — Popocatepetl et Ixtacoïhuatl, vue prise du lac de Chalco.
87. — Monts du Guerrier.
88. — La Charbonnière. (État de Oaxaca.)
89. — Cathédrale de Oaxaca.
90. — Popocatepetl.
91. — Vallée de Mexico (vue prise de la Villa Guadelupe).
92. — Cour de l'ancien couvent de San Agustin.
93. — Citlaltepec.
94. — Ahuchete de la Noche triste.
95. — Chaussée du Moulin du roi Tacubaya.
96. — Rivière Olivar del Conde. (Étude.)
97. — Vallée de Mexico. (Étude.)
98. — Vase de jardin.
99. —- Les pleureurs de Tacubaya.
100. — Vallée de Mexico.

ÉTAT DE JALISCO.

ÉTAT (Gouv. de l'.)

101. — 17. Une Bacchante. (Ricardo Castro.)
102. — 17ª. Portrait d'un jeune homme. (Pablo Valdez.)

CLASSE 2
Peintures diverses et Dessins.

DISTRICT FÉDÉRAL.

ALAMILLA.

103. — 1. « Voilà! ». (Aquarelle.)

BELMONT ANDRÈS.

104. — 2. Portrait du Président Diaz. (Dessin à la plume.)

VELASCO JOSÉ-MARIA.

105. — 3. Marmite tolteque. (Aquarelle.)
106. — 3^{a}. Marmite tolteque. (Aquarelle.)
107. — 3^{b}. Roches de Atzacoalco (Aquarelle.)
108. — 3^{c}. Rochers du Tepeyac. (Aquarelle.)
109. — 3^{d}. Rochers du Tepeyac. (Aquarelle.)
110. — 3^{e}. Rochers du Tepeyac. (Dessin.)
111. — 3^{f}. Étude d'après nature. (Dessin.)
112. — 3^{g}. Feuilles de citrouilles. (Dessin.)
113. — 3^{h}. Maures. (Dessin d'après nature.)
114. — 3^{i}. Académie. (Dessin.)
115. — 3°. Étude d'après nature.
116. — 3^{p}. Étude d'après nature.
117. — 3^{q}. Nopal. (Dessin.)
118. — 3^{r}. Académie. (Dessin d'.)
119. — 3^{s}. Études d'après nature.

ÉTAT DE GUANAJUATO.

BRIBIESCA ANTONIO.

120. — 4. Portrait au crayon de M. le consul de France à Guanajuato.

ÉTAT DE MICHOACAN.

AVIÑA JACINTA.

121. — 5. Une carte de visite. (Dessin.)

CLASSE 3

Sculpture et Gravure de médailles.

DISTRICT FÉDÉRAL.

CONTRERAS JESUS.

122. — 1. Buste du Président Diaz. (Marbre.)
123. — 1^{a}. Buste de M. Diaz Mimiaga. (Marbre.)

GUERRA GABRIEL.

124. — Buste du Président Diaz. (Bronze.)

ÉTAT DE PUEBLA.

CENTURION JOSÉ.

125. — 3. Buste de don Francesco Morales. (Bronze.)

CENTURION MARIANO.

126. — 4. Étude d'animaux. (Haut relief en bois.)

CLASSE 4

Architecture.

DISTRICT FÉDÉRAL.

ECOLE NATIONALE DES BEAUX-ARTS.

127. — 1. Projet d'un Palais de Justice. (Façade.) (Anzorena et Agrega.)
128. — 1^{a}. Coupe longitudinale. (Louis G., ancien élève de l'École nationale des Beaux-Arts.)
129. — 1^{b}. Détails de construction. (Idem.)
130. — 1^{c}. Plan du bas. (Idem.)
131. — 1^{d}. Détails. (Idem.)
132. — 1^{e}. Plan du haut. (Idem.)
133. — 1^{f}. Projet d'un Palais Municipal. (Façade.) (Barradas Enrique, ancien élève de l'École nationale des Beaux-Arts).
134. — 1^{g}. Plan du haut. (Idem.)
135. — 1^{h}. Détails. (Idem.)
136. — 1^{i}. Plan du bas. (Idem.)
137. — 1^{j}. Détails. (Idem.)
138. — 1^{l}. Coupe longitudinale. (Idem.)
139. — 1^{m}. Projet d'un Théâtre, façade. (Molina, Luis G., ancien élève de l'École nationale des Beaux-Arts.)
140. — 1^{n}. Plan du bas. (Idem.)
141. — 1°. Plan du haut. (Idem.)
142. — 1^{p}. Détails. (Idem.)
143. — 1^{q}. Détails. (Idem.)
144. — 1^{r}. Coupe longitudinale. (Idem.)

ÉTAT DE YUCATAN.

ÉTAT (Gouv. de l').

145. — 2. Projet d'un Palais du Gouvernement. (Ancona C. Manuel.)
146. — 2^{a}. Plan de l'établissement pénitentiaire de l'État. (Cervera

CLASSE 5
Gravure et Lithographie.

———

DISTRICT FÉDÉRAL.

PORTILLO MIGUEL.

147. — 1. Château de Émans. (Gravure noire, d'après le tableau de Zurbarán.)

GROUPE II

ÉDUCATION ET ENSEIGNEMENT. — MATÉRIEL ET PROCÉDÉS DES ARTS LIBÉRAUX

CLASSE 6
Éducation de l'enfant. — Enseignement primaire. Enseignement des adultes.

ETAT DE AGUASCALIENTES.

ETAT (Gouv. de l'). (Aguascalientes.)

148. — 1ª. Éléments de chronologie, par Carlos Maria Lopez (1883).

149. — 1ᵇ. Traité d'arithmétique, par M. Marin. (Idem.)

TERRITOIRE DE LA BAJA CALIFORNIA.

TERRITOIRE (Préfecture politique du). (La Paz.)

    Travaux scolaires exécutés dans les écoles suivantes :

150-151. — 2ᵃᵇ. École municipale de jeunes filles de la Paz.

152. — 2ᶜ. École nationale de garçons de Mulegé.

153. — 2ᵈ École nationale de jeunes filles de Mulegé.

154. — 2ᵉ. École de filles et de garçons de la Compagnie « del Boleo ».

ETAT DE CHIAPAS.

ETAT (Gouv. de l'). (S. Cristobal las Casas.)

155. — 3ª. Loi et règlement sur l'instruction primaire de l'État (1882).

    Travaux scolaires exécutés dans les écoles suivantes :

156-157. — 3ᵇᶜ. École municipale nº 3 de San Cristobal las Casas.

158. — 3ᵈ. École municipale de San Bartolomé.

159. — 3ᵉ. École « Providencia » de Tuxtla Gutierrez.

159 bis. — 3ᶠ. École municipale de Zapaluta.

ETAT DE CHIHUAHUA.

ETAT (Gouv. de l').

    Travaux exécutés dans les écoles suivantes :

160. — 4ª. École municipale « Hidalgo » de Ciudad Juarez.

161. — 4ᵇ. Ecole municipale de garçons et de filles de Santo Tomás.
162. — 4ᶜ. École municipale de Casas Grandes.
163. — 4ᵈ. École municipale de San Borja.
164. — 4ᵉ. École municipale de Coyame.
165. — 4ᶠ. École municipale de Batopilas.

ETAT DE COAHUILA.

ECOLE OFFICIELLE DE JEUNES FILLES, n° 2. (Saltillo.)

166. — 5ᵃ. Une bourse brodée en soie par l'élève Trinidad Morales, âgée de 10 ans.
167. — 5ᵇ. Un porte-épingles brodé (de Maya), par l'élève Rosa Vazquez, âgée de 5 ans.
168. — 5ᶜ. Un mouchoir brodé à jour, par l'élève Antonia Reyes Elizondo, âgée de 6 ans.
169. — 5ᵈ. Un écrin fait par l'élève Trinidad Torres, de 8 ans.
170. — 5ᵉ. Deux mouchoirs brodés en soie, par l'élève Paula Garcia, âgée de 5 ans.
171. — 5ᶠ. Un porte-brosses fait par l'élève Teresa Solis, âgée de 6 ans.
171 bis. — 5ᵍ. Un porte-brosses fait par l'élève Hélène Soura, âgée de 6 ans.
172. — 5ʰ. Un mouchoir brodé en soie, par l'élève Margarita Sanchez, âgée de 6 ans.
173. — 5ⁱ. Un trophée des armes nationales, fait par l'élève Rosa Vazquez, âgée de 10 ans.

JOURDAN (Collège). (Parras de la Fuente.)

174. — 6. Douze modèles d'écriture.

DISTRICT FEDERAL.

TRAVAUX PUBLICS (Secrétariat des). (Mexico.)

175. — 7. Collection de documents sur l'instruction publique, officielle et particulière, dans la République Mexicaine.

JUSTICE ET DE L'INSTRUCTION PUBLIQUE (Secrétariat de la). (Mexico.)

176. — 8ᵃ. Mémoires du Secrétariat, correspondant aux années 1825, 1830 à 1833, 1844, 1845, 1849, 1851, 1852, 1868, 1869, 1870, 1873, 1881 à 1883 et 1887.
177. — 8ᵇ. Organisation des écoles nationales primaires de garçons.
178. — 8ᶜ. Règlement intérieur pour les écoles nationales primaires.
179. — 8ᵈ. L'instruction publique municipale au Mexique en 1882.
180. — 8ᵉ. Mémoire du Congrès hygiénique-pédagogique (1882).
181. — 8ᶠ. Projet sur la forme des examens par M. Protasio Tagle.

ÉCOLE NORMALE pour professeurs et écoles annexes maternelle et primaire. (Mexico.)

    182. — 9. Loi, règlement, programmes, discours inaugural et photographies.

ÉCOLE SECONDAIRE DE JEUNES FILLES (Mexico.)

    183. — 10ª. Règlement de l'école.

    184. — 10ᵇ. Neuf photographies de l'établissement.

    185. — 10ᶜ. Travaux des élèves : broderies.

« LA PAZ » (Collège de). (Mexico.)

    186. — 11. Travaux des élèves : broderies et travaux en cire.

ÉCOLES PRIMAIRES. (Mexico.)

    187. — 12. Quatorze photographies de quatre de ces établissements.

ÉCOLE DES SOURDS-MUETS. (Mexico.)

    188. — 13. Trente-deux photographies.

DISTRICT FÉDÉRAL (Comité du). (Mexico.)

    189. — 14. Tableau statistique de l'instruction publique dans le district fédéral, formé par Édouard Fernandez Guerra (1889.)

« LANCASTERIANA » (Cie). (Mexico.)

    190. — 15ª Catalogue de la bibliothèque populaire du 5 de Mai.

    191. — 15ᵇ. Instructions aux professeurs.

ÉCOLE NATIONALE D'AVEUGLES. (Mexico.)

    192. — 16ª. Brève histoire de l'école nationale d'aveugles par le docteur Manuel Dominguez.

    193. — 16ᵇ. Échantillons de divers travaux de passementerie, cartonnage, cigares, typographie, reliure et autres travaux manuels exécutés par les élèves.

ÉCOLES MUNICIPALES. (Tacubaya.)

    194. — 17. Collection de travaux exécutés par les élèves.

LUIS G. ALVAREZ Y GUERRERO. (Mexico.)

    195. — 18. Enseignement simultané de la lecture et de l'écriture.

LUIS BECERRIL. (Mexico.)

    196. — 19. Méthode pratique et récréative pour apprendre simultanément la géographie et l'arithmétique par Pompeso Becerril.

ALBERTO CORREA. (Mexico.)

    197. — 20ª. « El escolar Mexicano » journal hebdomadaire.

198. — 20[b]. Géométrie enfantine.
199. — 20[c]. Arithmétique enfantine.
200. — 20[d]. Atlas astronomique.
201. — 20[e].. Géographie du Mexique.

« FOURNIER » (Lycée). (Mexico.)

202. — 21. Quatre tableaux avec dessins.

EDOUARD JIMENEZ DE LA CUESTA. (Mexico.)

203. — 22. Système métrique décimal (1888).

RAMON MONTEROLA. (Tacubaya.)

204. — 23[a]. Premières notions sur la géométrie et la géographie.
205. — 23[b]. Règlement des écoles municipales de Tacubaya.
206. — 23[c]. Rapport de la commission d'instruction.
207. — 23[d]. Classification des sciences.

« MONASTERIO » (Institut). (Mexico.)

208. — 24. « Bulletin de l'Institut. »

J. PEREZ GALLARDO Y RIONDA. (Mexico.)

209. — 25. Résumé « cartilla » géographique du district fédéral.

FRANCISCO DE P. VERA. (Mexico.)

210. — 26. Cahiers de lecture et d'écriture pour les écoles rurales.

ETAT DE DURANGO.

INSTITUT DE JEUNES FILLES. (Durango.)

211. — 27[a]. Collection de trois cent soixante-six objets divers, échantillons de travaux manuels exécutés par les élèves
212. — 27[b]. Photographies de l'établissement et de ses élèves.

ÉCOLE MUNICIPALE n° 2. (San Juan de Guadalupe.)

213. — 28. Travaux faits par les élèves de l'école.

ETAT DE GUANAJUATO.

ÉTAT (Gouv. de l'). (Guanajuato.)

Collection de divers travaux scolaires exécutés dans les établissements suivants :

214. — 29[a]. Collège de « El Guaje ».
215. — 29[b]. École nationale de jeunes filles de Cortazar.
216. — 29[c]. École nationale de jeunes filles d'Artajea.
217. — 29[d]. École de jeunes filles de l'Etat au Valle de Santiago.
218. — 29[e]. École « Morelos » de Guanajuato.
219. — 29[f]. École de Sainte-Cécile de San Miguel de Allende.

220. — 29ᵉ. École municipale de Uriancato.
221. — 29ʰ. École municipale de Irapuato.
222. — 29ⁱ. École nationale de jeunes filles de San Miguel Allende.
223. — 29ʲ. École de garçons du Valle de Santiago.
224. — 29ᵏ. École de Santa Catarina.

EUSEBIO HERNANDEZ. (Guanajuato.)
225. — 30. Travaux des élèves de son école particulière.

ETAT DE GUERRERO.

ETAT (Gouv. de l'). (Chilpancingo.)
226. — 31ᵃ. Programme d'éducation.
227. — 31ᵇ. Échantillons des travaux faits par les élèves des écoles
   municipales.

ETAT DE HILDAGO.

ETAT (Gouv. de l'). (Pachuca.)

   Travaux scolaires faits dans les établissements suivants :
228. — 32ᵃ. École de Atotonilco el Grande.
229. — 32ᵇ. Amiga municipal « Rafael Cravioto ».
230. — 32ᶜ. École municipale de Huichapam.
231. — 32ᵈ. École « Juarez » de Omitlan.

ETAT DE JALISCO.

LYCÉE DE JEUNES FILLES. (Guadalajara.)
232. — 33ᵃ. Six mouchoirs brodés.
233. — 33ᵇ. Neuf tableaux calligraphiques.
234. — 33ᶜ. Divers travaux manuels exécutés par les élèves.
235. — 33ᵈ. Une aquarelle par Luciana Zaravia.

CLEMENTE CAMARENA. (Hacienda del Refugio.)
236. — 34. Modèles d'écriture faits par les élèves de l'école de la
   Ferme.

ANTONIO CONTRERAS ALDAMA. (Guadalajara.)
237. — 35ᵃ. Système métrique décimal (1883).
238. — 35ᵇ. Éléments de pédagogie (1888).

JOSÉ MARIA GONZALEZ. (Guadalajara.)
239. — 36ᵃ. Principes de grammaire générale (1884).
240. — 36ᵇ. Petits éléments d'algèbre (1885).

IGNACIO GUEVARA. (Guadalajara.)
241. — 37ᵃ. Leçons d'arithmétique (1880).

242. — 37ᵇ. Livre premier de grammaire espagnole (1888).
243. — 37ᶜ. Livre premier de géographie (1888).

JUAN B. MATUTE. (Guadalajara.)
244. — 38. Notions du système métrique décimal (1883).

CARLOS MOYA. (Guadalajara.)
245. — 39ᵃ. Notions d'histoire sur Jalisco (1887).
246. — 39ᵇ. Petite géographie méthodique. Traduction du français (1888).

ÉVARISTO DE J. PADILLA. (Guadalajara.)
247. — 40. Notes sur le dessin naturel et linéaire (1882).

LEONARDO PINTADO. (Guadalajara.)
248. — 41. Rudiments de la langue anglaise (1885).

ETAT DE MEXICO.

ÉTAT (Gouv. de l'). (Toluca.)

Travaux scolaires exécutés dans les établissements suivants :
249. — 42ᵃ. École centrale de garçons. (Tepozotlan.)
250. — 42ᵇ. École de garçons. (Coacalco.)

ETAT DE MICHOACAN.

ÉTAT (Gouv. de l'). (Morelia.)

Travaux scolaires exécutés dans les établissements suivants :
251. — 43ᵃ. École municipale de Quiroga.
252. — 43ᵇ. École publique de Paracho.

ETAT DE MORELOS.

ÉTAT (Gouv. de l'). (Cuernavaca.)

Travaux faits par les élèves dans les établissements suivants :
253. — 44ᵃ. École de San Miguel. (Cuernavaca.)
254. — 44ᵇ. École centrale pour jeunes filles, 13 dessins. (Idem.)

MANUEL GALLEGOS. (Idem.)
255. — 45ᵃ. Traité élémentaire des puissances et racines numériques (1888).

FRANCISCO DE P. REYES. (Cuernavaca.)
256. — 46ᵃ. Œuvres élémentaires d'instruction primaire.
257. — 46ᵇ. La Bandera Escolar, journal hebdomadaire.

VICENTE WARNES. (Cuautla.)

258. — 47ᵃ. Nouvelle carte du système métrique (1880).
259. — 47ᵇ. Manuel de Pédagogie.

ETAT DE NUEVO LEON.

NICOLAS CHAVEZ. (Monterey.)

260. — 48. Collection de solides géométriques.

ETAT DE OAXACA.

ÉTAT (Gouv. de l'). (Oaxaca.)

261. — 49ᵃ. Notices sur les écoles de l'État.

Travaux faits dans les établissements suivants :

École de l'Hospicio. (Oaxaca.)

262. — 49ᵇ. Description et règlement de l'hospice.
263. — 49ᵇ. Modèles d'écriture.

École primaire du soir d'adultes. (Oaxaca.)

264. — 49ᶜ. Collection de dessins au fusain.
265. — 49ᶜ. Modèles d'écriture.

École de jeunes filles de Cuicatlan.

266. — 49ᵈ. Brodé en fil d'or sur satin.
267. — 49ᵈ. Broderie en canevas sur soie.
268. — 49ᵈ. Broderie de soie foncée.
269. — 49ᵈ. Bouquet de fleurs en cire.
270. — 49ᵈ. Deux mouchoirs, tissus frappés.
271. — 49ᵈ. Serviette de table.
272. — 49ᵈ. Dessus d'édredon.
273. — 49ᵈ. Mouchoir brodé en blanc.
274. — 49ᵈ. Modèles d'écriture.

École de jeunes filles. (Ejutla.)

275. — 49ᵉ. Tableau feutré de soie.
276. — 49ᵉ. Tableau brodé de fil d'or et soie.
277. — 49ᵉ. Modèles d'écriture.

École de jeunes filles. (Juchitan.)

278. — 49ᶠ. Couverture, tissu au crochet.
279. — 49ᶠ. Taie d'oreiller au crochet.
280. — 49ᶠ. Dais foncé en soie.

École de jeunes filles (Juistlahuaca.)

281. — 49ᵍ. Porte-bijoux (alhajerero), brodé en or.

Académie de jeunes filles. (Oaxaca.)

282. — 49ʰ. Édredon brodé en blanc par l'élève Jesus Araujo.

283. — 49^h. Édredon brodé par Mlles Juana Figueroa et Francisca Belmon.
284. — 49^h. Un bouquet en cœur de figue et deux bouquets de fleurs en paille, travaux de Mlle Petrona Zavaleta.
285. — 49^h. Notice et photographie de l'Académie.

École de jeunes filles (Tlacolula).

286. — 49^i. Serviette, tissu au crochet.
287. — 49^i. Mouchoir brodé.
288. — 49^i. Taie d'oreiller en point brodé.

École de jeunes filles. (Tlaxiaco.)

289. — 49^j. Dais brodé sur soie foncée.
290. — 49^j. Dais brodé en canevas sur satin.
291. — 49^j. Taie d'oreiller, tissu au crochet.
292. — 49^j. Tapis.
293. — 49^j. Nappe, à jour.
294. — 49^j. Deux taies d'oreiller frappées sur point blanc.
295. — 49^j. Édredon brodé en soie sur satin.
296. — 49^j. Mouchoir brodé de fil blanc.
297. — 49^j. Broderie en blanc.
298. — 49^j. Deux mouchoirs brodés de soie et fil.
299. — 49^j. Pantoufles brodées en velours et « chaquira ».

École de garçons. (Tlaxiaco.)

300. — 49^k. Cinq cartes géographiques.
301. — 49^k. Modèles d'écriture.

École de « premières lettres ». (Santo Tomas Ocotepec.)

302. — 49^l. Quatre dessins astronomiques.

École d'instruction primaire de Tixa. (Teposcolula.)

303. — 49^m. Dessins géométriques.

École de garçons de Villa Alvarez.

304. — 49^n. Modèles d'écriture.

École de garçons de Xitlapehua.

305. — 49°. Modèles d'écriture.

École de garçons de Chapulapa.

306. — 49^p. Modèles d'écriture.

École de San Guillermo. (Miahuatlan).

307. — 49^q. Modèles d'écriture.

École de San Francisco. (Coatlan.)

308. — 49^r. Modèles d'écriture.

École de San Juan Ozolotepec.

309. — 49^s. Modèles d'écriture.

École de San Agustin (Mixtepec.)

310. — 49^t. Modèles d'écriture.

École de Santa Maria. (Coatlan.)

311. — 49^u. Modèles d'écriture.

École de San Miguel (Coatlan.) —

312. — 49^v. Modèles d'écriture.

École élémentaire de garçons de Tuxtepec.

313. — 49^v. Modèles d'écriture.

École municipale de Santa Ines del Monte.

314. — 49^x. Modèles d'écriture.

École municipale de garçons de Santiago Clavellinas.

315. — 49^y. Modèles d'écriture.

École de la Hacienda de Monjas.

316. — 49^z. Modèles d'écriture.

École de Santa Maria Ozolotepec.

317. — 49^{aa}. Modèles d'écriture.

École modèle de Roaló.

318. — 49^{bb}. Modèles d'écriture.

École de Santa Catarina Cuixla.

319. — 49^{cc}. Modèles d'écriture.

École de San Pablo (Coatlan.)

320. — 49^{dd}. Modèles d'écriture.

320. (bis.) — 49^{ee}. La Niñez estudiosa « Journal de Juchitan ».

ETAT DE PUEBLA.

ÉTAT (Gouv. de l'). (Puebla.)

321. — 50^a. Rapport de M. le Gouverneur Juan C. Bonilla (1880).

Netzahualcoyotl (École municipale de). (Xochiapulco.)

322. — 50^b. Solides, dessins et autres travaux manuels.

École municipale de Acajete.

323. — 50^c. Écritures.

École élémentaire de Chapulco.

324. — 50^d. Dessins et écriture.

École municipale de Puebla.

325. — 50^e. Photographies.

École élémentaire de garçons de Zinacatepec.

326. — 50^f. Écritures.

École municipale « Ocampo » de Tetela.

327. — 50^g. Solides géométriques.

École municipale de Olintla.

328. — 50^h. Plans et écritures.

École normale de professeurs. (Puebla.)

329. — 50^i. Photographies et plan.

École municipale de San Nicolas de Malpais.

330. — 50^j. Écritures.

École municipale de Jolalpam.

331. — 50^k. Travaux manuels et opérations arithmétiques.

École d'instruction primaire de Pantepec.

332. — 50^l. Écritures.

École municipale « Libertad ».

333. — 50^m. Travaux scolaires.

École de jeunes filles « Morelos » de Tepeyahualco.

334. — 50^n. Travaux manuels et écritures.

Escuela Xochitl de Tetela de Ocampo.

335. — 50°. Travaux scolaires.

École municipale de Acatepec.

336. — 50^p. Plans.

École mixte de Caltepec.

337. — 50^q. Écritures.

École municipale de Atolotitlan.

338. — 50^r. Écritures.

École municipale de Chilac.

339. — 50^s. Écritures.

École municipale de Atzingo.

340. — 50^t. Écritures.

École de Santiago Miahuatlan.

341. — 50^u. Dessins et écritures.

École municipale de Jolalpam.

342. — 50^v. Écritures.

École municipale de Acatitlan.

343. — 50^x. Écritures.

École municipale de Caltepec.

344. — 50^y. Écritures.

MIGUEL TRINIDAD PALMA. (Puebla.)

345. — 51^a. Grammaire de la langue aztèque.

356. — 51^b. Catéchisme de la doctrine chrétienne traduit au mexicain.

347. — 51^c. Constitution fédérale traduite au mexicain.

IGNACIO DEL POZO (Puebla.)

348. — 52. Méthode orale de lecture composée d'une table pythagorique, de syllabes et d'une clef ou tableau synoptique des alphabets, syllabes, etc.

JOAQUIN M. RODRIGUEZ (Teziutlan.)

349. — 53a. Éléments de grammaire espagnole.
350. — 53b. Notions de cosmographie.
351. — 53c. Rudiments de géométrie.
352. — 53d. Notions préparatoires pour l'étude de la géographie.
353. — 53e. Notions de botanique.

ETAT DE QUERETARO.

ÉTAT (Gouv. de l'). (Querétaro.)

Travaux exécutés à l'Académie de dessin :

I. — Cours des jeunes filles :

354. — 54a. Portrait nature, dessin au crayon par l'élève Valeria Balvanera, âgée de 13 ans.
355. — 54b. Fleurs, aquarelle de l'élève de deuxième année Refugio Villavicencio.
356. — 54c. Fleurs, aquarelle par l'élève de première année Rosa Perrusquia.
357. — 54d. Fleurs et la Virgen de la Silla, aquarelles par l'élève de deuxième année Teresa Siuerob.

II. — Classe des garçons :

358. — 54e. Laboureur, dessin au crayon de l'élève de deuxième année Daniel Camarena.
359. — 54f. Chasseur, dessin de l'élève de deuxième année Jesus Gutierrez.
360. — 54g. Coutumes nationales, dessin de l'élève de troisième année Jesus Angeles.

ETAT DE SAN LUIS POTOSI.

ÉTAT (Gouv. de l'). (San Luis Potosi.)

École del Partido de Soledad Diez Gutierrez :

361. — 55a. Mouchoir brodé par une élève.

École municipale n° 1 de Charcas :

362. — 55b. Deux cahiers avec dessins faits par les élèves.

École de Rioverde. (San Luis Potosi.)

363. — 55c. Trois dessins et un plan.

ETAT DE SINALOA.

ÉTAT (Gouv. de l'). (Culiacan.)

  Travaux exécutés dans les établissements suivants :

École municipale n° 1. (Mazatlan.)

364. — 56ᵃ. Travaux scolaires : brodés, etc.

École municipale n° 2 de jeunes filles. (Mazatlan.)

365. — 56ᵇ. Travaux scolaires, broderies, etc.

École « Concordia » :

366. — 56ᶜ. Six travaux scolaires.

367. — 56ᵈ. Un tableau brodé en canevas et fil en or.

SIXTO FLORES. (Culiacan.)

368. — 57ᵃ. Un cahier, modèles de calligraphie.

369. — 57ᵇ. Un cahier, exercices d'arithmétique.

ETAT DE SONORA.

ÉTAT (Gouv. de l').

  Travaux faits et présentés par les établissements suivants :

370. — 58ᵃ. École de Buena Vista.

371. — 58ᵇ. École de Arispe.

J. ARRANGOIZ.

372. — 59. « La Instruction publica », journal.

ETAT DE TABASCO.

ETAT (Gouv. de l'). (San Juan Bautista.)

  Travaux des établissements suivants :

École du soir n° 5 de San Juan Bautista :

373. — 60ᵃ. Travaux et photographies.

École du jour municipale n° 1 :

374. — 60ᵇ. Modèles d'écriture.

ETAT DE VERACRUZ.

ÉTAT (Gouv. de l'). (Jalapa.)

  Travaux exécutés dans les établissements suivants :

École cantonale « Manuel Carpio «. (Cosamaloapam.)

375. — 61ᵃ. Modèles d'écriture et dessin.

376. — 61ᵇ. École cantonale. (Veracruz.)

377. — 61ᶜ. École municipale de garçons de Paso de Ovejas.

378. — 61ᵈ. École municipale de Acayucan.

379. — 61ᵉ. École municipale de Coyol.

380. — 61'. École municipale de Ixtlamahuacan.

381. — 61ᵍ. École municipale de Tlamaciumpa.

382. — 61ʰ. École cantonale « Miguel Lerdo ».

383. — 61ⁱ. École cantonale « Ozuluama ».

École normale pour professeurs. (Jalapa.) :

384. — 61ʲ. Photographies représentant le salon de réunion, les cabinets de physique, chimie et histoire naturelle de cette école, et groupe de professeurs.

Asile d'Orizaba (Orizaba) :

385. — 61ᵏ. Trois voiles brodés en soie et fil faits par les élèves.

Maison d'enfants trouvés (Orizaba) :

386. — 61ˡ. Douze travaux de broderie.

Enrique C. Rebsamen (Jalapa) :

387. — 61ᵐ. « Mexico Intelectual », Revue pédagogique et scientifique.

ETAT DE YUCATAN.

ETAT (Gouv. de l'). (Mérida.)

388. — 62ᵃ. « La Escuela Primaria », journal, 2 vol.

389. — 62ᵇ. Cathéchisme de la Tenue des Livres, par J. Juarez Camarena.

ELIGIO ANCONA. (Mérida.)

390. — 62ᶜ. Traité élémentaire de l'Histoire de Yucatan.

391. — 62ᵈ. Résumé d'hygiène privée, par Feliciano Manzanilla.

CRESCENCIO CARRILLO Y ANCONA. (Mérida.)

392. — 62ᵉ. Catéchisme de l'Histoire du Yacatan.

393. — 62ᶠ. Catéchisme de l'Histoire sacrée.

RAFAEL MENENDEZ. (Mérida.)

394. — 62ᵍ. Rimes enfantines, livre de lecture pour les écoles.

395. — 62ʰ. Idées pour enseigner l'alphabet.

LÁZARO PAVIA. (Mérida.)

396. — 62ⁱ. Traité élémentaire de morale, 1872.

397. — 62ʲ. Compositions de calligraphie, 1871.

398. — 62ᵏ. Notions de chronologie mathématique, 1872.

ANDOMARO MOLINA. (Mérida.)

399. — 62ˡ. Arithmétique élémentaire.

400. — 62ᵐ. Traité de grammaire espagnole.

400 bis. — 62ⁿ. Petite carte et doctrine chrétienne.

ETAT DE ZACATECAS.

ÉTAT (Gouv. de l'). (Zacatecas.)

Travaux exécutés dans les établissements suivants :

École municipale n° 1 (Zacatecas) :

401. — 63ᵃ. Collection de modèles d'écritures et de dessins. Dessin d'ornement. (J. Guerrero.)

École normale de demoiselles (Zacatecas) :

402. — 63ᵇ. Dessins de fleurs par Maria Tostado.

403. — 63ᶜ. Dessins au crayon par les élèves Herlinda Rodarte, Natalia Tapia, Refugio Morelos, Refugio Esparza, Maria Tostado, Lucia Barrios, Maria Acuña, Maria Cervantes et une élève.

École de la Hacienda de Casas Blancas.

404. — 63ᵈ. Modèles d'écriture.

Institut de jeunes filles de Zacatecas :

405. — 63ᵉ. Huit dessins faits par les élèves.

Manuel Carvajal. (Zacatecas.)

406. — 63'. Calligraphie avec les deux mains.

CLASSE 7
Organisation et matériel de l'Enseignement secondaire.

ETAT DE CAMPÊCHE.

FREDERICO P. VALLOT.

406 bis. — 64. Nouveau traité élémentaire de physiologie et hygiène.

DISTRICT FEDERAL.

ÉCOLE DES ARTS ET MÉTIERS POUR FEMMES. (Mexico.)

407. — 65ᵃ. Deux tableaux de peinture, exécutés par les élèves.

408. — 65ᵇ. Huit tableaux de mouchoirs brodés.

409. — 65ᶜ. Guéridon en os, brodé or.

ÉCOLE NATIONALE DES ARTS ET MÉTIERS. (Mexico.)

410. — 66. Collection des ouvrages de texte de l'École.

ÉCOLE NATIONALE PRÉPARATOIRE. (Mexico.)

411. — 67. Collection des ouvrages de texte de l'École.

ÉCOLE NATIONALE DE COMMERCE ET ADMINISTRATION
(Mexico.)

412. — 68ª. Collection des ouvrages de texte de l'École.

413. — 68ᵇ. Œuvres diverses d'enseignement, écrites par les professeurs, 15 vol.

414. — 68ᶜ. Thèses diverses écrites par les élèves, 14 brochures.

415. — 68ᵈ. Mémoire présenté par le Directeur pour les années 1887-1888.

416. — 68ᵉ. Histoire du musée commercial de l'École.

417. — 68ᶠ. Tableaux de collections d'échantillons de minéraux et matières employées dans l'industrie, 21 tableaux.

418. — 68ᵍ. Tableau d'échantillons de tissus analysés à la classe de chimie commerciale.

419. — 68ʰ. Tableaux avec photographies des professeurs et élèves de l'École.

420. — 68ⁱ. Tableau d'un travail de calligraphie fait par l'élève Jean Tapia.

421. — 68ʲ. Collection des modèles d'imprimés et calligraphie : modèles d'écriture.

ÉCOLE NATIONALE SECONDAIRE DE JEUNES FILLES. (Mexico.)

422. — 69ª. Collection des œuvres enseignées dans l'École.

423. — 69ᵇ. Travaux à la main exécutés par les élèves, 12.

COLLÉGE DE LA PAZ. (Mexico.)

424. — 70ª. Brodé lithographie. (Portrait du président Carnot.)

425. — 70ᵇ. Brodé lithographie. (Portrait du président Diaz.)

426. — 70ᶜ. Couverture en piqué.

427. — 70ᵈ. Coussin.

428. — 70ᵉ. Dentelle de lit.

429. — 70ᶠ. Draps de lin brodés à jour.

430. — 70ᵍ. Serviettes de lin brodées à jour.

431. — 70ʰ. Serviettes de lin brodées à jour.

432. — 70ⁱ. Mouchoirs.

433. — 70ʲ. Fruits en cire.

434. — 70ᵏ. Échantillons de diverses broderies.

EDUARDO JIMENEZ DE LA CUERTA. (Mexico.)

434 bis. — 70 bis. Catéchisme géographique du district fédéral.

PEREZ GALLARDO Y RIONDA. (Mexico.)

435. — 71ª. Traité de tenue de livres.

436. — 71ᵇ. Traité théorique et pratique d'arithmétique commerciale.

437. — 71ᶜ. Système métrique décimal.

BERNARDINO DEL RASO. (Mexico.)

438. — 72ᵃ. Tenue de livres, cinquième édition.
439. — 72ᵇ. Collection de comptabilité.

ETAT DE GUERRERO.

ÉTAT (Gouv. de l'). (Chilpancingo.)

440. — 73ᵃ. Programme d'éducation, enseignement, etc., pour l'année 1885, 1 vol.
441. — 73ᵇ. « Règlement intérieur de l'Institut », année 1875, 1 vol

ETAT DE MICHOACAN.

ÉCOLE DES ARTS. (Morelia.)

442. — 74. Règlement et échantillons de travaux de reliure.

ETAT DE OAXACA.

ÉTAT (Gouv. de l'). (Oaxaca.)

443. — 75ᵃ. Notice sur l'Institut des sciences de Oaxaca.
444. — 75ᵇ. Deux photographies de l'Observatoire météorologique et de la bibliothèque de l'Institut.

ETAT DE PUEBLA.

ÉTAT (Gouv. de l'). (Puebla.)

445. — 76. Traité élémentaire de cosmographie par Cappelletti.

COLLÈGE DE L'ÉTAT. (Puebla.)

446. — 77ᵃ. Plans de l'Établissement à $^1/_{200}$, 3.
447. — 77ᵇ. Règlement du Collège.
448. — 77ᶜ. Photographies, 15.
449. — 77ᵈ. Observations météorologiques pratiquées dans le Collège.
450. — 77ᵉ. Notice sur le climat de Puebla.

ÉCOLE DES ARTS. (Puebla.)

451. — 78. Deux photographies de l'École.

COLLÈGE DU SACRÉ-CŒUR DE JÉSUS. (Puebla.)

452. — 79ᵃ. Collection d'observations météorologiques et astronomiques.
453. — 79ᵇ. Dessins exécutés par les élèves, 43

SÉMINAIRE CONCILIAIRE. (Puebla.)

453 bis. — 80. Règlement.

ETAT DE QUERETARO.

MIGUEL ROMILLO. (Querétaro.)

454. — 81. Clavier à délier, servant à obtenir une bonne exécution et une parfaite égalité de force dans les doigts, sans recourir à l'intervention de l'avant-bras.

ETAT DE SAN LUIS POTOSI.

ETAT (Gouv. de l'). (San Louis Potosi.)

455. — 82ᵃ. Loi de l'instruction publique secondaire.
456. — 82ᵇ. Règlement intérieur de l'Institut.
457. — 82ᶜ. Photographie de l'Institut scientifique et littéraire.
458. — 82ᵈ. Rifle, système Remington, construit par les élèves de l'École industrielle militaire de San Luis Potosi.

ECOLE MUNICIPALE DES ARTS ET MÉTIERS DE JEUNES FILLES.

459. — 83ᵃ. Coussin de soie brodé par l'élève Antonia Lopez.
460. — 83ᵇ. Couverture en piqué, brodée par les élèves Angela Lachica et Fréderica Martinez et Cárdenas.
461. — 83ᶜ. Cinq mouchoirs brodés en blanc et soies de couleurs, par plusieurs élèves.

ÉTAT DE YUCATAN.

JOAQUIN ET JUAN DONDÉ. (Mérida.)

462. — 84. Leçons de botanique.

FÉLICIANO MANZANILLA SALAZAR. (Mérida.)

463. — 85. Éléments de physiologie et hygiène privée.

RODOLFO MENENDEZ. (Mérida.)

464. — 86. Mémoire sur l'instruction publique de l'État.

LAZARO PAVÍA. (Mérida.)

465. — 87ᵃ. Traité de morale.
466. — 87ᵇ. Abrégé et recueil de calligraphie générale.
467. — 87ᶜ. Notions de chronologie mathématique.

ETAT DE ZACATECAS.

INSTITUT DE L'ÉTAT. (Zacatécas.)

468. — 88. Copie de l'estampe par les élèves Y. Acosta, Pedro Lopez, Y. Castañeda, A. Toro Chavez et R. Frameto.

CLASSE 8
Organisation, méthodes et matériel de l'Enseignement supérieur.

ETAT DE AGUASCALIENTES.

ÉTAT (Gouv. de l'). (Aguascalientes.)

469. — 89ª. L'État de Aguascalientes, par Gonzales, 1 vol.
470. — 89ᵇ. Éléments de chronologie, par C. Lopez, 1 vol.
471. — 89ᶜ. Essai ethnologique de l'État, 1 vol.
472. — 89ᵈ. Code de la procédure de l'État, 1 vol.
473. — 89ᵉ. Oraison funèbre du docteur J. Calero, 9 cahiers.

DISTRICT FÉDÉRAL.

FOMENTO (Secrétariat de). (Mexico.)

474. — 90. Œuvres de divers auteurs mexicains publiées gratuitement par le Secrétariat de Fomento et ayant pour but le développement intellectuel du pays, 342 vol.

INSTITUT MÉDICAL NATIONAL. (Mexico.)

475. — 91ª. Collection de mille plantes médicinales indigènes en voie d'analyse. Cette étude a pour but d'enrichir la thérapeutique mexicaine et de provoquer l'exportation des plantes utiles.
476. — 91ᵇ. Documents relatifs à l'érection d'un institut médical.

FINANCES ET CRÉDIT PUBLIC (Secrétariat des). (Mexico.)

477. — 92. Collection des Mémoires et publications diverses.

JUSTICE ET INSTRUCTION PUBLIQUE (Secrétariat de la). Mexico.

478. — 93. Grande collection des œuvres littéraires des auteurs mexicains.

DISTRICT FÉDÉRAL (Comité du). (Mexico.)

479. — 94ª. Dix-huit œuvres de différents auteurs.
480. — 94ᵇ. Concours et polémique littéraire qui eut lieu à Mexico, 35 cahiers.
481. — 94ᶜ. Sept volumes reliés.
482. — 94ᵈ. Vingt reliures de divers auteurs.

ANTONIO ALZATE (Société). (Mexico.)

483. — 95º. Mémoires de la Société, 13 brochures.

484. — 95ᵇ. Théorie des erreurs, par Faye, traduit par l'ingénieur Joaquin de Mendizabal et Tamborrell.

SOCIÉTÉ DE GÉOGRAPHIE ET DE STATISTIQUE DE LA RÉPUBLIQUE MEXICAINE.

485. — 96ᵃ. Bulletin de la Société, 5 vol.

486. — 96ᵇ. Histoire ancienne de la conquête du Mexique, 4 vol., par MM. Orosco et Berra, 4 volumes et atlas.

487. — 96ᶜ. Collection polydiomatique mexicaine de l'Oraison dominicale.

488. — 96ᵈ. Onomatologie géographique de Morelos, 1 vol.

489. — 96ᵉ. Histoire de la géographie au Mexique, 1 vol.

490. — 96ᶠ. Cartographie mexicaine, 1 vol.

SOCIÉTÉ DES INGÉNIEURS ET ARCHITECTES. (Mexico.)

491. — 97. Annales de l'Association.

SOCIÉTÉ MEXICAINE D'HISTOIRE NATURELLE. (Mexico.)

492. — 98. « La Naturaleza », journal scientifique, organe de la Société.

OBSERVATOIRE ASTRONOMIQUE CENTRAL. (Mexico.)

493. — 99. Publications et photographies.

OBSERVATOIRE ASTRONOMIQUE NATIONAL. (Tacubaya.)

494. — 100ᵃ. Annuaire de l'Observatoire, 1881-1889, 9 vol.

495. — 100ᵇ. Photographies et vues de l'Observatoire.

496. — 100ᶜ. Mémoire de l'Observatoire, par M. l'ingénieur Angel Anguiano.

OBSERVATOIRE MÉTÉOROLOGIQUE CENTRAL. (Mexico.)

497. — 101ᵃ. Traité de Géologie, par Mariano Barcena.

498. — 101ᵇ. Chemin de fer mexicain.

499. — 101ᶜ. Instructions météorologiques.

500. — 101ᵈ. Deuxième rapport de l'Observatoire central.

501. — 101ᵉ. Caverne de Cacahuamilpa.

502. — 101ᶠ. Roches.

503. — 101ᵍ. Rapport sur le volcan de Colima, 1 vol.

504. — 101ʰ. Phénomènes périodiques de la végétation, 1 vol.

505. — 101ⁱ. Abrégé de Minéralogie, 1 vol.

506 — 101ʲ. Revue mensuelle climatologique, tome I, 1 vol.

507. — 101ᵏ. Études de météorologie comparée, 1 vol.

508. — 101ˡ. Revue mensuelle météorologique, 1 vol.

509. — 101ᵐ. Méthode ozonométrique, 1 vol.

510. — 101ⁿ. Bulletin du ministère de Fomento, 10 vol.

MUSÉE NATIONAL. (Mexico.)

511. — 102. Annales du Musée national, 4 vol.

COLLÈGE MILITAIRE. (Mexico.)

512. — 103. Collection des œuvres d'instruction militaire, travaux des élèves, photographies, etc.

CONSERVATOIRE NATIONAL DE MUSIQUE ET DÉCLAMATION. (Mexico.)

513. — 104^a. Collection des œuvres enseignées.

514. — 104^b. Collection des compositions musicales, etc., des auteurs mexicains.

ÉCOLE NATIONALE DES BEAUX-ARTS. (Mexico.)

515. — 105^a. Revue historique de l'École depuis sa fondation en 1781 jusqu'au centenaire 1881.

105^b. Rapport sur son organisation scientifique et artistique actuelle et des notabilités qu'elle a produites.

516. — 105^c. Trois plans topographiques de l'École.

517. — 105^d. Photographies de la façade, galeries et classes principales (55).

518. — 105^e. Lithographies des œuvres présentées dans les expositions de l'École, en 1854, 1855 et 1856 (27).

519. — 105^f. Travaux divers exécutés par les élèves, comprenant : 6 dessins de figures d'après estampes, 3 dessins d'ornement, 4 dessins d'après plâtres, 13 paysages, 47 dessins d'après nature, 88 croquis formant un album, 39 impressions exécutées par les élèves de la classe de gravure.

520. — 105^g. Collection des œuvres enseignées à l'École.

ÉCOLE NATIONALE DES INGÉNIEURS. (Mexico.)

521. — 106. Collection de dessins géométriques et d'architecture faits par les élèves de l'École, etc.

ÉCOLE NATIONALE DE JURISPRUDENCE. (Mexico.)

522. — 107^a. Collection des ouvrages composant le programme d'enseignement de l'École.

523. — 107^b. Collection de 25 opuscules; travaux de juridiction écrits par plusieurs professeurs et élèves.

ÉCOLE NATIONALE DE MÉDECINE. (Mexico.)

524. — 108^a. Collection de 356 thèses de doctorat, présentées par les élèves.

525. — 108^b. Collection des œuvres comprenant le programme d'enseignement de l'École.

EUFEMIO ABADIANO. (Mexico.)

526. — 109ᵃ. Histoire du Meyarit (Sonora), 1 vol.
527. — 109ᵇ. Manuscrits du xvɪᵉ siècle, 1 vol.
528. — 109ᶜ. Poésies, Manuel Olagibel, 1 vol.
529. — 109ᵈ. Carmen, nouvelle, par Pedro Castera, 1 vol.

MANUEL BARRERIO. (Mexico.)

530. — 110. Revue médicale du Mexique, année 1888, 1 vol.

GUSTAVO BAZ. (Mexico.)

531. — 111ᵃ. Poésies, 1 vol. relié.
532. — 111ᵇ. Lettres sur le Portugal, 1 vol. relié.
533. — 111ᶜ. Institut typographique, 1 cahier.

ALBERTO BEST. (Mexico.)

534. — 112. Notice sur les applications de l'électricité dans la République mexicaine.

EUSTAQUIO BUELNA. (Mexico.)

535. — 113ᵃ. Guerre de l'intervention en Sinaloa, 2 vol.
536. — 113ᵇ. Pérégrinations des Aztèques, et noms géographiques indigènes de Sinaloa, 2 vol.
537. — 113ᶜ. Constitution de l'atmosphère, 1 vol.

EMILIO BUSTO. (Mexico.)

538. — 114. L'Administration publique au Mexique, 1 vol.

RICARDO DE MARIA CAMPOS. (Mexico.)

539. — 115. Renseignements commerciaux de la République mexicaine.

EMILIO DEL CASTILLO NEGRETE. (Mexico.)

540. — 116ᵃ. Mexico au xɪxᵉ siècle, 17 vol.
541. — 116ᵇ. Histoire militaire, 2 vol.
542. — 116ᶜ. Galerie des orateurs, 3 vol.
543. — 116ᵈ. Histoire profane, 1 vol.
544. — 116ᵉ. Tableaux synoptiques, 2 exemplaires.

ALFREDO CHEVERO. (Mexico.)

545. — 117ᵃ. Histoire ancienne du Mexique, 1 vol.
546-547. — 117ᵇᶜ. Discours prononcés aux funérailles du Président Benito Juarez.
548. — 117ᵈ. Quetzalcoatl, essai de tragédie en 3 actes.
549. — 117ᵉ. Xochitl, drame en 3 actes.
550. — 117ᶠ. Les Amours de Alarcon, poème dramatique en 3 actes.

551. — 117⁶. « El Aviso en el puñal », épisode dramatique en 3 actes.

552. — 117ʰ. Sans espérance! drame en 3 actes.

553. — 117ⁱ. Le Monde d'aujourd'hui, drame en 5 actes.

554. — 117ʲ. La sœur des Avila, drame en 3 actes.

ISIDORO EPSTEIN. (Mexico.)

555. — 118. Traité de mécanique appliquée, 3 vol.

FERNANDO ESCOBAR.

556. — 119. Thermométrie clinique de Mexico, 1 vol.

HUGO FINK. (Mexico.)

557. — 120. Herbier.

FRANCISCO A. FLORES. (Mexico.)

558. — 121. Histoire de la médecine au Mexique, 3 vol.

FRANCISCO DE GARAY. (Mexico.)

559. — 122. Le dessèchement de la vallée de Mexico, 10 exemplaires.

ANTONIO GARCIA ET CUBAS. (Mexico.)

560. — 123ᵃ. Cours élémentaire de géographie universelle, 1 vol.

561. — 123ᵇ. Abrégé de géographie universelle à l'usage des écoles.

562. — 123ᶜ. Éléments de géométrie.

563. — 123ᵈ. Statistique de la République.

564. — 123ᵉ. Dictionnaire géographique, statistique et biographique de la République.

565. — 123ᶠ. Atlas méthodique à l'usage des écoles.

GERTRUDIS GARCIA TERUEL DE SCHMIDTLEIN. (Mexico.)

566. — 124. Collection d'illustrations botaniques. (Orchidées du Mexique.)

FEDERICO DU CANE GODMAN TOSBERT-SALVIN.

567. — 125. Biologie Centrali-América.

AGUSTIN GUERRERO. (Mexico.)

568. — 126. Manuel du pharmacien, 1 vol.

ALFONSO HERRERA. (Mexico.)

569-570. — 127. Nouvelle pharmacopée mexicaine de la Société pharmaceutique de Mexico.

FERNANDO MALANCO. (Mexico.)

 571. — 128. La médecine scientifique basée sur la physiologie et
  l'expérimentation clinique, 1 vol.

JOAQUIN MENDIZABAL TAMBORREL. (Mexico.)

 572. — 129. Tables de logarithmes.

PEDRO-ORDOÑEZ. (Mexico.)

 573. — 130. Biographie de M. Francisco Diaz de Léon, 1 vol.

**FRANCISCO DE PRIDA ARTEAGA ET RAFAEL PEREZ VENTO.
(Mexico.)**

 574. — 131. Le Mexique contemporain, œuvre illustrée de photo-
  gravures.

MAXIMINO RIO DE LA LOZA. (Mexico.)

 575. — 132. Œuvres scientifiques écrites par l'exposant, 12.

JOSE C. SEGURA. (Mexico.)

 576. — 133ª. La culture du maïs.
 577. — 133ᵇ. Renseignements sur les mesures concernant la des-
  truction des sauterelles.
 578. — 133ᶜ. Traité élémentaire d'agriculture.
 579. — 133ᵈ. Traité sur les plantes industrielles.

MANUEL S. SORIANO. (Mexico.)

 580. — 134ª. La Gazette médicale de Mexico (1864-1888), 24 vol.
  reliés.
 580 bis. — 134ᵇ. Statistique de l'hôpital Juarez, 1 vol.
 581. — 134ᶜ. Guide médical.

GUILLERMO TELLEZ. (Mexico.)

 582. — 135. Tableau synoptique et préparations sur le mal « del
  pinto », l'hydrophobie et l'hypnotisme.

ANTONIO VELASCO. (Mexico.)

 583. — 136. Médecine usuelle, 1 vol. relié.

ETAT DE GUANAJUATO.

**SOCIÉTÉ FRATERNELLE MÉDICALE ET PHARMACEUTIQUE
DE GUANAJUATO.**

 584. — 137. Bulletin de la médecine, organe de la Société.

TOMAS CASILLAS. (Guanajuato.)

 585. — 138. Les derniers progrès sur l'étiologie du choléra asia-
  tique, par le Dr Fernando Hueppe. 1 vol.

MARIANO LEAL. (Guanajuato.)

> **586.** — 139. Observations météorologiques faites à l'Observatoire de Leon, 25 feuillets.

ETAT DE GUERRERO.

ÉTAT (Gouv. de l'). (Chilpancingo.)

> **587.** — 140ᵃ. Mémoires du Gouvernement de l'État, années 1870-72-79-80-83-86 et 88, 7 vol.
> **588.** — 140ᵇ. Collection de lois, 3 vol.
> **589.** — 140ᶜ. Constitution de l'État, année 1880, 2 vol.

ETAT DE HIDALGO.

ÉCOLE PRATIQUE DES MINES ET MÉTALLURGIE. (Pahuca.)

> **589 bis.** — 141. Deux plans des mines, Rosario, San-Pedro, San-Pablo, San-Miguel, Santo-Tomás et la Luz, dessinés par les élèves de l'École.

ETAT DE JALISCO.

ÉTAT (Gouv. de l'). (Guadalajara.)

> **590.** — 142. Collection de 494 oiseaux, empaillés et montés.

EDMUNDO CUEVAS. (Guadalajara.)

> **591.** — 143. Notices de voyages (manuscrits).

ALBERTO SANTOSCOY. (Guadalajara.)

> **592.** — 144. Fêtes des jours fastes. Étude ethnologique historique. 1 brochure.

ETAT DE MICHOACAN.

ETAT (Gouv. de l'). (Morelia.)

> **593.** — 145. Mémoires sur l'administration publique dans l'Etat, de 1883 à 1887.

NICOLAS LÉON. (Morelia.)

> **594.** — 146. Annales du musée de Michocan, 8 feuillets.

ETAT DE MORELOS.

ÉTAT (Gouv. de l'). (Cuernavaca.)

> **595.** — 147. Mémoire sur l'administration publique de Morelos, présenté au Congrès par le gouverneur constitutionnel général Jesus H. Préciado, le 12 avril 1887, 1 vol.
> **595 bis.** — 147ᵃ. Album littéraire de Morelos, 1 vol.

PEDRO ESTRADA. (Cuernavaca.)

    596. — 148. Statistique de l'État de Morelos. 1 vol. — Étude abrégée, sur l'exploitation de la canne à sucre dans l'État de Morelos, 1 cahier.

CECILIO A. ROBELO. (Cuernavaca.)

    597. — 149[a]. Noms géographiques mexicains de l'État de Morelos, 1. vol.

    598. — 149[b]. Vocabulaire castillan et nahuatl, 1 vol.

    599. — 149[c]. La Constitution de l'État de Morelos sous forme de dictionnaire.

    600. — 149[d]. Vingt et une règles pour l'usage de l'accent orthographique, 1 vol.

    601. — 149[e]. « El Eco », journal, 7 numéros.

ETAT DE OAXACA.

JOSE MARIA CORTEZ. (Oaxaca.)

    602. — 150. Œuvres poétiques.

ETAT DE PUEBLA.

ETAT (Gouv. de l').

    603. — 151[a]. Code de procédure de l'État, 1 vol.

    604. — 151[b]. Statistique de l'État.

    605. — 151[c]. Couronne funéraire du général Juan C. Bonilla.

    606. — 151[d]. Statuts et règlements des Sociétés d'employés : chapeliers, tailleurs, cordonniers, perruquiers, cigariers, et renseignements sur la Société « Providencia ».

    607. — 151[e]. Règlement de la Société mutuelle des professeurs de Puebla.

    608. — 151[f]. Statuts du collège des avocats.

ÉCOLE DE MÉDECINE ET DE PHARMACIE DE L'ÉTAT. (Puébla.)

    609. — 152[a]. Plan de l'établissement au 1/200.

    610. — 152[b]. Règlements.

    611. — 152[c]. Huit thèses.

    612. — 152[d]. Sept photagraphies.

RAFAEL B. DE LA COLINA. (Puebla.)

    613. — 153. Poésies.

MARTIN ESPINO BARROS. (Puebla.)

    614. — 154. Collection de timbres, de la vente du papier timbré depuis 1840 jusqu'à 1875 et de timbres depuis 1875 à 1878. (Album.)

MANUEL M. FLORES (Puebla).

    614 bis. — 154 bis. Poésies.

MIGUEL TRINIDAD PALMA (Puebla).

614 ter. — 154 ter. Constitution fédérale des États-Unis Mexicains, traduite en langue Aztèque ou Mexicaine par l'exposant. — 1 vol.

MANUEL P. SALAZAR. (Puebla.)

615. — 155. Poésies.

ETAT DE SAN LUIS POTOSI.

GREGORIO BARROETA. (San Luis Potosi.)

616. — 156. Herbier de 365 plantes provenant des environs de San Luis Potosi, fait par quatre étudiants des cours de botanique de l'Institut scientifique de l'État dont l'exposant est professeur. Les classifications sont exclusivement des élèves.

ETAT DE SINALOA.

ETAT (Gouv. de l'). (Culiacan.)

617. — 157. Aérolithe del Palmar. Modèle en cire, dessin et description.

RAMON PONCE DE LEON FILS. (Culiacan.)

618. — 158ᵃ. Flore de Culiacan, 1 tableau.
619. — 158ᵇ. Collection d'insectes, 1 tableau.

ETAT DE VERACRUZ.

COMMISSION GÉOGRAPHIQUE. — EXPLORATRICE DE LA RE-PUBLIQUE MEXICAINE. (Xalapa.)

620. — 159. Grande collection de travaux scientifiques, astronomiques, topographiques et d'histoire naturelle. (Cette collection obtint un grand diplôme d'honneur, la plus haute récompense accordée à l'exposition de la Nouvelle-Orléans.)

RAFAEL DE ZAYAS ENRIQUEZ. (Veracruz.)

621. — 160. Œuvres littéraires, 14 vol.

ETAT DE YUCATAN.

ETAT (Gouv. de l'). (Mérida.)

622. — 161ᵃ. Mémoire sur le gouvernement de Yucatan.
623. — 161ᵇ. Code civil de l'État de Yucatan.
624. — 161ᶜ. Code de procédure criminelle de l'État.

625. — 161ᵈ. Recueil des lois et décrets de l'État de Yucatan.
626. — 161ᵉ. Code de procédure civile de l'État.

J. ANTONIO ALAYON. (Mérida.)

627. — 162. L'Honneur national, journal.

WENCESLAO ALPUCHE. (Mérida.)

628. — 163. Poésies.

ELIGIO ANCONA. (Mérida.)

629. — 164ᵃ. La Métisse, nouvelle.
630. — 164ᵇ. La Croix et l'Épée, nouvelle historique.
631. — 164ᶜ. Le Flibustier, nouvelle.
632. — 164ᵈ. Histoire de Yucatan, 4 vol.
633. — 164ᵉ Abrégé d'histoire de Yucatan.

SERAPIO BAQUIERO. (Mérida.)

634. — 165. Révolutions de Yucatan.

RODOLFO G. CANTON. (Mérida.)

635. — 166. Mémoire sur la deuxième exposition de Yucatan (1879).

CRESCENCIO CARRILLO Y ANCONA. (Mérida.)

636. — 167ᵃ. Opuscules, 4.
637. — 167ᵇ. Histoire ancienne de Yucatan.
638. — 167ᶜ. Catéchisme d'histoire sacrée.

SEVERO DEL CASTILLO. (Mérida.)

639. — 168. Cecilio-Chi, nouvelle.

J. CASTILLO PERAZA. (Mérida.)

640. — 169. Vers et prose.

JOSÉ GAMBOA GUZMAN. (Mérida.)

641. — 170. Poésies choisies.

JESUS LOPEZ. (Mérida.)

642. — 171. La Loi du pendule, comédie.

RODOLFO MENENDEZ. (Mérida.)

643. — 172. Articles, 1 volume.

JOSE PÉON ET CONTRERAS. (Mérida.)

644. — 173ᵃ. Romans lyriques et dramatiques.
645. — 173ᵇ. Œuvres dramatiques.
646. — 173ᶜ. Taide. Détours de la vie idéale.

JUAN RIA PEREZ. (Mérida.)

647. — 174ª. Dictionnaire de la langue « maya ».

648. — 174ᵇ. Xichil-U-Payalchi, Rosaire de la Vierge écrit en langue maya.

649. — 174ᶜ. Art du langage maya.

JUSTO SIERRA. (Mérida.)

650. — 175. La Fille du Juif, nouvelle.

CLASSE 9
Imprimerie et Librairie.

ETAT DE AGUASCALIENTES.

ÉTAT (Gouv. de l'). (Aguascalientes.)

651. — 176ª. « El republicano », journal.

652. — 176ᵇ. « El Instructor ». (Idem.)

653. — 176ᶜ. « La Ensenanza ». (Idem.)

654. — 176ᵈ. « El Fandango ». (Idem.)

655. — 176ᵉ. « La Voz de la Justicia ». (Idem.)

CASTULO JIMENEZ ANGUIANO. (Aguascalientes).

656. — 177. « El Telefono », journal.

TRINIDAD PEDROZA. (Aguascalientes.)

657. — 178. Un livre, 2 cahiers, quelques cartes de visite, diplômes et autres travaux lithographiques et typographiques.

JUAN RUIZ DE ESPARZA ET HERNANDEZ. (Aguascalientes.)

658. — 179. « El Radicalismo », journal.

TERRITOIRE DE LA BASSE-CALIFORNIE.

FRANCISCO A. NAVARRO. (Mulegé.)

659. — 180. « El Cable », journal.

ETAT DE CHIAPAS.

ROSARIO HERNANDEZ. (San Cristobal las Casas.)

660. — 181. « El Caudillo », journal.

ABRAHAM A. LOPEZ. (San Cristobal las Casas.)

661. — 182. « Journal officiel du Gouvernement de l'Etat. »

FERNANDO SORIA. (Comitan.)

662. — 183ᵃ. « Los Segadores », pièce de musique.
663. — 183ᵇ. « El Guarda ingles. » (Idem.)

ETAT DE CHIHUAHUA.

ÉTAT (Gouv. de l'). (Chihuahua.)

664. — 184. « El Republicano », journal officiel.

MUNICIPALITÉ DE CHIHUAHUA. (Chihuahua.)

665. — 185. Bulletin municipal, journal.

JOSÉ AGUSTIN DE ESCUDERO. (Chihuahua.)

666. — 186ᵃ. « La Revista mercantil », journal.
667 — 186ᵇ. « El Chihuahuense », journal.
668. — 186ᶜ. « El Diario del Pueblo ». (Idem.)
669. — 186ᵈ. « El Estado de Chihuahua ». (Idem.)
670. — 186ᵉ. « El Guardia Nacional. » (Idem.)
671. — 186ᶠ. « Revista Internacional. » (Idem.)
672. — 186ᵍ. « Gaceta oficial. » (Idem.)
673. — 186ʰ. « El Centinela de Ciudad Juarez. » (Idem.)
674. — 186ʲ. « El Parral. » (Idem.)

FRANCISCO DE P. GUTIERREZ. (Las Polomas.)

675. — 187. « El Eco de las Palomas », journal.

DISTRICT FEDERAL.

SECRÉTARIAT DES TRAVAUX PUBLICS DU MEXIQUE. (Mexico.)

676. — 188. Trois cent quarante-deux volumes, modèles des impressions typographiques de l'imprimerie du Secrétariat.

DISTRICT FÉDÉRAL (Comité du). (Mexico.)

677. — 189. Collection de compositions musicales.

ASSOCIATION MILITAIRE. (Mexico.)

678. — 190. « Bulletin de l'Association mutuelle militaire. »

FELIX ALCERRECA. (Mexico.)

679. — 191. Compositions musicales, 1 vol.

JOSE JOAQUIN ARRIAGA. (Mexico.)

680. — 192. « Bulletin de la Société agricole mexicaine. »

IGNACIO BEJARANO (Mexico).

681. — 193. « El Municipio libre », journal, organe du Conseil municipal de cette ville.

JUAN N. BUTLER. (Mexico.)

682. — 194ª. Feuilles de lectures « Bercanas », pour les écoles
dominicaines.

683. — 194ᵇ. « L'Avocat chrétien illustré. » (Idem.)

DANIEL CABRERA. (Mexico.)

684. — 195. « El Hijo del ahuizote », journal.

MANUEL CORDERO Y GOMEZ. (Mexico.)

685. — 196. « La Revista agricola », journal.

FRANCISCO DIAZ DE LEON. (Mexico.)

686. — 197ª. Trente-deux volumes, œuvres diverses, collections de
cartes de visite et modèles d'impressions.

687. — 197ᵇ. Trois tableaux avec la collection de médailles obtenues
par l'exposant aux Expositions antérieures.

ANDRES DIAZ MILIAN. (Mexico.)

688. — 198ª. « La Convencion Radical », journal. (Idem.)

689. — 198ᵇ. « Revista Latino-Americana », journal.

VICENTE GARCIA TORRES. (Mexico.)

690. — 199. « El Monitor republicano », journal.

MANUEL GOMEZ PARADA. (Mexico.)

691. — 200. « El Correo de las Doce », journal.

REFUGIO Y GONZALES. (Mexico.)

692. — 201. « La Ilustracion espirita », journal.

« EL LICEO MÉXICANO » (Sociedad). (Mexico.)

693. — 202. « El Liceo Mexicano », journal.

J. MILTON GREENE. (Mexico.)

694. — 203. « El Faro », journal.

CARLOS MONTAURIOL. (México.)

695. — 204. Ancienne maison Debray, Suc. Fondée en 1836.

695 bis. — 204. Deux médailles d'argent en 1874 : Querétaro et
Mexico.

695 ter. — 204. Six médailles d'or : México, 1875 et 1880. — Orizaba,
Toluca, Buenos-Aires et Nueva-Orleans. Médaille
d'argent à l'Exposition de Paris, 1878.

695 quater. — 204. Atlas pittoresque et historique, et Atlas géographique et statistique.

695 quinter. — 204. Atlas et texte publié sous la direction de M. A.
Garcia Cubas, officier de la Légion d'honneur. Ce

sont les atlas les plus complets et les plus nouveaux
de la République mexicaine.

FRANCISCO J. OSORNO. (Mexico.)

696. — 205. « La Juventud literaria », journal.

YRINEO PAZ.

696 bis. — 206. « La Patria », journal.

MARIANA J. VIUDA de RICO. (Mexico.)

697. — 207. « El Correo de las Señoras », journal.

EMIL RHULAND. (Mexico.)

698. — 208. Directoire général de la ville de Mexico.

SEEGER, GUERNSEY Y Cie. (Mexico.)

699. — 209. « El Financiero Méxicano », journal.

JUAN N. SERRANO Y DOMINGUEZ. (Mexico.)

700. — 210. « El Proletario », journal.

ETAT DE GUANAJUATO.

JUAN URBINA. (Guanajuato.)

701. — 211. Journal officiel du Gouvernement de l'État.

ETAT DE HIDALGO.

ANTONIO CID ESPEJEL. (Apam.)

702. — 212. « El Gallito », journal.

DIEGO NOBLE. (Pachuca.)

703. — 213. « El Obrero », journal.

ETAT DE JALISCO.

MANUEL CORDERO. (Guadalajara.)

704. — 214. Journal officiel de l'État.

FÉLIX L. MALDONADO. (Guadalajara.)

705. — 215. « El Libre y acep .·. Mason », journal.

JOSÉ MARIA MENDOZA CIPRES. (Guadalajara.)

706. — 216. Pièces de musique.

ANSELMO ORTEGA. (Guadalajara.)

707. — 217. « Las Clases productoras », journal.

ETAT DE MEXICO.

ROGIERO LANG. (Chalco.)

708. — 218. Almanach mobile pour 200 ans.

ETAT DE MICHOACAN

GUMESINDO ALEJOS. (Zamora.)

709. — 219. « El Perro », journal.

IGNACIO OJEDA VERDUZCO. (Morelia.)

710. — 220. Gazette officielle de l'État, journal.

ETAT DE MORELOS.

BERNARDO DE JESUS QUIROZ. (Tepozotlan.)

711. — 221. « La Idea », journal.

ETAT DE NUEVO LEON.

IGNACIO J. MENDOZA. (Monterey.)

712. — 222. « La Voz de Nuevo Leon ». journal.

FRANCISCO E. REYES. (Monterey.)

713. — 223. Journal officiel du Gouvernement de l'Etat.

ETAT DE OAXACA.

ETAT (Gouv. de l'). (Oxaca.)

714. — 224ª. La Marseillaise et Hymne national, modèles d'impressions de l'imprimerie de l'État.
715. — 224ᵇ. Journal officiel du gouvernement.

JOSÉ A. ALVAREZ. (Oaxaca.)

716. — 225. Journal officiel de l'État.

MEDARDO Y ZABULON Hᵒˢ. (Tehuantepec.)

717. — 226. « El Zapateco », journal.

JOSÉ MUÑUZURI. (Pochutla.)

718. — 227. El Avisador de puerto Angel, journal.

ETAT DE PUEBLA.

NEFTALI M. DIAZ. (Tehuacan.)

719. — 228. « La Reforma », journal.

MARTIN ESPINO BARROS. (Puebla.)

720. — 229. Collection de timbres de l'impôt du papier timbré depuis 1640 à 1875, et de timbres, depuis 1875 jusqu'à 1878, contenue dans un album de 25 feuilles doubles.

JOAQUIN PITA. (Puebla.)

721. — 230. Le Bulletin municipal, journal.

AGUSTIN ROSETE. (Huauchinango.)

722. - 231. « La Niebla », journal.

ETAT DE QUERETARO.

HIPOLITO A. VIEYTEZ. (Querétaro.)

723. — 232. « La Sombra de Arteaga », journal.

ETAT DE SAN LUIS POTOSI.

RAFAEL DEL CASTILLO. (San Luis Potosi).

724. — 232. Journal officiel de l'État.

ETAT DE SINALOA.

ANGEL BELTRAN, RETEZ Y Cⁱᵃ. (Mazatlan.)

725. — 234. Quatre volumes, collection de modèles, d'impressions diverses.

FRANCISCO GOMEZ FLORES (Culiacan Rosales).

726. — 235. Etat de Sinaloa : journal officiel du Gouvernement de l'Etat.

MIGUEL RETEZ. (Mazatlan.)

727. — 236. « El Correo de la Tarde », journal, organe de la Chambre de commerce de Mazatlan.

RETEZ Y DIAZ. (Culiacan.)

728. — 237ᵃ. « La Opinion », journal.
729. — 237ʰ. L'Etat de Sinaloa, journal.

JÉSUS RICO. (Mazatlan.)

730. — 238. « El Pacifio », journal.

ETAT DE SONORA.

ALEJANDRO D. AINSLIE. (Hermosillo.)

731. — 239. « La Constitucion », journal.

J. S. QUIROGA Y E. QUIJADA. (Ures.)

732. — 240. « El Eco del Valle », journal.

ETAT DE TABASCO.

ÉTAT (Gouv. de l'). (San Juan Bautista.)

733. — 241. Journal officiel du Gouvernement de l'État.

ETAT DE TAMAULIPAS.

ANTONIO DASTUGUE. (H. Matamoros.)

734. — 242. « La Revista del Norte », journal.

ETAT DE VERACRUZ.

AGUILAR MENDOZA Y Cⁱᵃ. (Orizaba.)

735. — 243. « El Reproductor », journal.

MANUEL MARÍA CESAR. (Huatusco.)

736. — 244. « La Bandera blanca », journal.

J. M. MALPICA. (Tlacotalpan.)

737. — 245. « El Correo de Sotavento », journal.

S. MORENO. (Orizaba.)

738. — 246. Bulletin de la Société Sanchez Oropeza.

M. RUIZ (Tlacotalpan).

739. — 247. « La Mosca », journal.

ETAT DE YUCATAN.

ÉTAT (Gouv. de l'). (Mérida.)

740. — 248ª. « La Razon del Pueblo », journal.
741. — 248ᵇ. « La Revista de Merida. » (Idem.
742. — 248ᶜ. « La Sombra de Cepeda. » (Idem.)
743. — 248ᵈ. « El Eco del Comercio. » (Idem.)
744. — 248ᵉ. « El Amigo del Pais. » (Idem.)
745. — 248ᶠ. « El Anunciador. » (Idem.)
746. — 248ᵍ. « La Gran Via. » (Idem.)
747. — 248ʰ. « El Faro. » (Idem.)
748. — 248ⁱ. « El Partido de Ticul. » (Idem.)
749. — 248ʲ. « El Demócrata. » (Idem.)
750. — 248ᵏ. « El Fronterizo. » (Idem.)
751. — 248ˡ. « La Voz del Partido. » (Idem.)
752. — 248ᵐ. « El Cronista de Oriente. » (Idem)
753. — 248ⁿ. « La Ley de Amor. » (Idem.)

754. — 248°. « El Recreo musical. » (Idem.)

754 bis. — 248ᵖ « El Honor nacional. » (Idem.)

JUAN DOMINGUEZ CUEVAS. (Mérida.)

755. — 249. Compositions musicales.

ETAT DE ZACATECAS.

ÉTAT (Gouv. de l').

756. — 250. Modèles de typographie faits aux ateliers du péniten-
cier. (Zacatecas.)

FERNANDO VILLAPANDO. (Zacatecas.)

757. — 251ᵃ. « Cantares de mi patria », composition musicale.

758. — 251ᵇ. « Misa solemne en *fa.* » (Idem.)

759. — 251ᶜ. « Marcha Funebre. » (Idem.)

760. — 251ᵈ. « Gonzales Ortega. » (Idem.)

761. — 251ᵉ. « Cantos de Navidad. » (Idem.)

762. — 251ᶠ. « Cantos Religiosos. » (Idem.)

763. — 251ᵍ. « Tres Motetes. » (Idem.)

764. — 251ʰ. « Obertura en *mi* bémol. » (Idem.)

CLASSE 10

Papeterie, reliure, matériel des arts, de la peinture et du dessin.

ETAT DE CHIAPAS.

ÉTAT (Gouv. de l'). (San Cristobal las Casas.)

765. — 252ᵃ. Pot de Ax ou Nin, substance remplaçant avantageu-
sement l'huile de lin; provient de San-Bartolomé. Son
prix est de 25 centimes le kilo, et son transport jusqu'à
l'embarcadère est de 13 centimes le kilog.

766. — 252ᵇ. Achiote en semence et pâte. Matière colorante sylvestre, employée dans la préparation des aliments,
provient de San-Bartolomé; son prix est de 25 centimes le kilog., et son transport jusqu'à l'embarcadère
est de 13 centimes le kilog.

767. — 252ᶜ. Achiote de Chiapas de Corzo; prix [25 centimes le
kilog., frais de transport jusqu'à l'embarcadère : 1 centime le kilog.

768. — 252ᵈ. Safran colorant de Chiapa de Corzo. Prix : 1 centime
le kilog.

769. — **252°.** Indigo colorant de Chiapa de Corzo. Prix : 2 francs le kilog., frais de transport jusqu'à l'embarcadère, 1 centime. Chiapa de Corzo à un port à Las Palmas sur le rio Grijalva qui débouche dans le golfe du Mexique.

DISTRICT FÉDÉRAL.

FINANCES (Secrétariat des). (Mexico.)

770. — **253ª.** Dix-sept livres de comptabilité.

771. — **253ᵇ.** Six échantillons de carton.

RICARDO ARQUERO.

771 bis. — **254.** Un missel relié.

JUAN M. BENFIELD.

771 ter. — **255.** Échantillons des diverses sortes de papier de la fabrique de Belem, et un tableau avec photographie de la fabrique.

J. RAMIREZ ET Cie. (Mexico.)

772. — **256ª.** Vingt-quatre échantillons de papier.

773. — **256ᵇ.** Cinq caisses d'enveloppes.

774. — **256ᶜ.** Un livre Journal. (Échantillons de la fabrique de Peña Pobre.)

ETAT DE GUANAJUATO.

TRINIDAD JUAREZ. (San Luis de la Paz.)

775. — **257.** Trois livres en blanc.

TRINIDAD SUAREZ ROMERO. (San Luis de la Paz.)

776. — **258ª.** Journal, livre en blanc relié en chamois.

777. — **258ᵇ.** Grand-Livre, livre en blanc relié en chamois.

778. — **258ᶜ.** Livre en blanc, reliure dorée.

ETAT DE MICHOACAN.

ÉTAT (Gouv. de l'). (Morelia.)

779. — **259ª.** Cinq reliures.

780. — **259ᵇ.** Quatre livres reliés : Mémoires sur l'administration publique de l'État (1883-1887).

781. — **259ᶜ.** Règlement de l'École des Arts de Morelia. Modèles de reliure de l'École.

ETAT DE VERACRUZ.

PAPIER DE COCOLOAPAM (Fabrique de). (Orizaba.)

781 bis. — **260.** Divers échantillons de papier, 4 cahiers.

ÉTAT DE ZACATECAS.

ÉTAT (Gouv. de l'). (Zacatecas.)

    782. — 261. Quatre échantillons de peintures de voitures fabriquées à l'École des Arts de l'établissement pénitentiaire.

CLASSE 11
Application usuelle des arts du dessin et de la plastique.

DISTRICT FÉDÉRAL.

INTÉRIEUR (Ministère de l'). (Mexico.)

    783. — 262^a. Un tableau de timbres-poste.

    784. — 262^b. Un tableau avec modèles de cartes de visite et de timbres-poste.

    785. — 262^c. Un tableau avec photographies de l'Hôtel des Postes de Mexico.

IMPRIMERIE DU TIMBRE. (Mexico.)

    786. — 263^a. Lithographie-Portrait du général Diaz.

    787. — 263^b. Cinq tableaux avec modèles de gravures.

DISTRICT FÉDÉRAL (Comité du).

    788. — 264. Quatre-vingt-treize dessins exécutés avec des plumes d'oiseaux.

ANTONIO H. GALAVIZ. (Mexico.)

    789. — 265. Un tableau avec modèles de gravures.

ANTONIO DE AJURIA. (Mexico.)

    790. — 266. Collection double de monnaies d'or, d'argent et de cuivre de la République Mexicaine.

CARLOS MONTAURIOL. (Mexico).

    791. — 267. Ancienne maison. Debray successeur, fondée en 1836. Deux médailles d'argent en 1874 : Querétaro y Méjico, six médailles d'or : Mexico 1875 et 1880, Orizaba, Toluca, Buénos Aires y Nueva Orleans. Médaille d'argent à l'Exposition universelle de Paris en 1878.

    792. — 267^a. Treize feuilles en chromo de l'Atlas pittoresque.

    793. — 267^b. Neuf portraits lithographiques.

    794. — 267^c. Cent modèles de factures.

795. — 267ᵈ. Cent modèles de circulaires, en-têtes de lettres.
796. — 267ᵉ. Quatre-vingt-deux lettres de change, reçus.
797. — 267ᶠ. Vingt-sept cartes de félicitations, menus, etc.
798. — 267ᵍ. Soixante-treize cartes d'avis.
799. — 267ʰ. Cent cartes de visite.
800. — 267ⁱ. Vingt couvertures avec en-têtes et filigranes.
801. — 267ʲ. Marques de cigares.
802. — 267ᵏ. Quarante-quatre marques pour boîtes d'allumettes.
803. — 267ˡ. Vingt-sept actions et bons.
804. — 267ᵐ. Cinq cents étiquettes et avis pour l'industrie et le commerce des vins.
805. — 267ⁿ. Bières, liqueurs, tabacs, etc.

GUILLERMO PASTRANA. (Mexico.)

806. — 268. Échantillons de timbres, monogrammes, etc.

VALLETO J. y Cie. (Mexico.)

807. — 269. Collection de modèles d'impressions sur gélatine.

ETAT DE MICHOACAN.

ÉTAT (Gouv. de l'). (Morelia.)

808. — 270. Tableau lithographique fait par les élèves de l'Ecole des Arts de Morelia.

ANTONIO G. GARCIA. (Morelia.)

809. — 271. Échantillons de timbres en caoutchouc.

CLASSE 12
Epreuves et appareils de photographie.

ETAT DE COAHUILA.

ÉTAT (Gouv. de l'). (Saltillo.)

810. — 272. Deux photographies.

RUBEN ZERTUCHE Y HERMANO. (Saltillo.)

811. — 273. Photographies. 4 tableaux.

ETAT DE COLIMA.

ÉTAT (Gouv. de l'). (Colima.)

812. — 274. Photographies d'indigènes colimenses.

DISTRICT FÉDÉRAL.

DISTRICT FÉDÉRAL (COMITÉ du). (Mexico.)

    813. — 275. Deux cents photographies diverses.

VALLETO Y Cⁱᵉ. 1ᵃ de San Francisco, 14. (Mexico.)

    814. — 276. Quatre-vingt-onze portraits photographiques.

MANUEL BUEN ABAD. (Mexico.)

    815. — 277. Quatre-vingt-dix-huit photographies : reproductions de tableaux et vues.

ÉTAT DE GUANAJUATO.

ROMUALDO GARCIA. (Guanajuato.)

    816. — 278. Trente-six vues photographiques de Guanajuato et Leon.

JOSÉ MARIA PACHECO. (Leon.)

    817. — 279. Quatorze portraits photographiques.

ETAT DE GUERRERO.

ÉTAT (Gouv. de l').

    818. — 280. Sept vues photographiques.

ETAT DE JALISCO.

C. H. BERRIERE. (Guadalajara.)

    819. — 281. Neuf vues photographiques de la maison pénitentiaire de l'État et description de l'édifice.

ETAT DE MICHOACAN.

ÉTAT (Gouv. de l'). (Morelia.)

    820. — 282. Collection de photographies illuminées et sans brillant faites dans l'atelier photographique de l'École des arts de Morelia.

ETAT DE MORELOS.

ÉTAT (Gouv. de l'). (Cuernavaca.)

    821. — 283. Petit album avec 22 photographies d'idoles « tlahuicas » rencontrées sur divers points de l'État.

ETAT DE NUEVO LEON.

DESIDERIO LAGRANGE (Monterey.)

    822. — 284. Photographies.

ETAT DE OAXACA.

ETAT (Gouv. de l'). (Oaxaca.)

823. — 285. Sept photographies de divers édifices, etc. de l'Etat.

RAMON RAMOS (Oaxaca.)

824. — 286. Vingt-quatre vues photographiques.

ETAT DE PUEBLA.

ETAT (Gouv. de l'). (Puebla.)

825. — 287. Vingt-quatre vues photographiques.

EMILIO G. LOBATO. (Puebla.)

826. — 288. Douze portraits photographiques.

ETAT DE QUERETARO.

ETAT (Gouv. de l'). (Querétaro.)

827. — 289ª. Dix vues photographiques de Querétaro exécutées par Ignacio Muñoz Flores.

828. — 289ᵇ. Huit vues photographiques de la « Ferme de la Llave ».

829. — 289ᶜ. Cinq vues photographiques de la Municipalité de San Juan del Río.

830. — 289ᵈ. Vingt vues photographiques de Querétaro exécutées par J. Balvancra é hijos.

ETAT DE SINALOA.

ETAT (Gouv. de l'). (Culiacan.)

831. — 290. Quatre tableaux avec vues photographiques de Culiacan.

ETAT DE TAMAULIPAS.

GERÓNIMO RAMIREZ. (Matamoros.)

832. — 291. « Une Petite Aumône », photographie achevée à l'encre de Chine.

ETAT DE VERACRUZ.

ETAT (Gouv. de l'). (Jalapa.)

833. — 292. Huit photographies de plantes du canton et de la municipalité de Coatepec.

ETAT DE YUCATAN.

ETAT (Gouv. de l'). (Mérida.)

834. — 293. Vingt-six photographies d'antiquités de l'État.

ETAT DE ZACATECAS.

ETAT (Gouv. de l'). (Zacatecas).

    835. — 294. Trente-neuf vues photographiques de Zacatecas et Guadalupe.

MANUEL G. AMADOR. (Zacatecas.)

    836. — 295. Deux photographies positives : une en bleu préparée par un procédé spécial inventé par l'exposant.

CLASSE 13
Instruments de musique.

DISTRICT FÉDÉRAL.

DISTRICT FÉDÉRAL (Comité du). (Mexico.)

    837. — 296. Trois guitares.

M. CORDOBA. (Mexico.)

    838. — 297. Une harpe.

FRANCISCO DURÁN. (Mexico.)

    839. — 298. Instruments de musique à cordes à sons aigus.

JOSÉ INES ESPINOSA. (Mexico.)

    840. — 299. Mandoline.

MARIANO FERNANDEZ. (Mexico.)

    841. — 300. Mandoline incrustée.

ANTONIO G. GARCIA. (Mexico.)

    842. — 301. Cinq flûtes aztèques (chirimias).

I. HERNANDEZ. (Mexico.)

    843. — 302. Instruments de musique à cordes à sons aigus.

ETAT DE JALISCO.

L. VERGARA. (Guadalajara.)

    844. — 303. Une harpe.
    845. — 303ª. Neuf guitares (grandes).
    846. — 303ᵇ. Huit guitares (petites), fabriquées à Uruapan.

ETAT DE PUEBLA.

JOSÉ J. APORTELA. (Puebla.)

847. — 304. Instruments de musique à cordes à sons graves.

ETAT DE YUCATAN.

ÉTAT (Gouv. de l'). (Merida.)

848. — 305ª. Une guitare (grande dimension) de bois de ciricote.
849. — 305ᵇ. Guitare « requinto » d'acajou.
850. — 305ᶜ. Mandoline en bois de cèdre.

ETAT DE MICHOACAN.

ÉTAT (Gouv. de l'). (Morelia.)

851. — 306ª. Une harpe.
852. — 306ᵇ. Neuf guitares (grandes).
853. — 306ᶜ. Huit guitares (petites).

CLASSE 14

Médecine et chirurgie. — Médecine vétérinaire et comparée.

DISTRICT FÉDÉRAL.

HOPITAL MILITAIRE. (Mexico.)

854. — 307ª. Une pièce anatomique. Anévrisme de l'aorte; mort par rupture.
855. — 307ᵇ. (Idem.) Fracture du coude.
856. — 307ᶜ. (Idem.) Anévrisme de l'aorte.
857. — 307ᵈ. (Idem.) Anévrisme artériel.
858. — 307ᵉ. (Idem.) Dysenterie chronique.
859. — 307ᶠ. (Idem.) Ankilose du coude.
860. — 307ᵍ. (Idem.) Gangrène par ligature.
861. — 307ʰ. (Idem.) Gangrène consécutive, fièvre typhoïde.
862. — 307ⁱ. (Idem.) Hypertrophie cardiaque.
863. — 307ʲ. (Idem.) Côté postérieure du sternum.
864. — 307ᵏ. (Idem.) Tatouages.
865. — 307ˡ. (Idem.) Projectile ankysté.
866. — 307ᵐ. (Idem.) Productions osseuses.
867. — 307ⁿ. (Idem.) Atérome.
868. — 307ᵒ. (Idem.) Blessure par une arme à feu.
869. — 307ᵖ. (Idem.) Tête de l'Indien Jú.

JOSÉ MARIA ARRIAGA. (Mexico.)

870. — 308. Dix pièces anatomiques et pathologiques faites par un
procédé spécial et privilégié de l'exposant.

ANTONIO ROQUE. (Mexico.)

871. — 309. Travaux divers sur l'art dentaire.

JOSÉ MARIA SORIANO. (Mexico.)

872. — 310. Travaux divers sur l'art dentaire.

JOSEPH SPYER. (Mexico.)

873. — 311ᵃ. Trois travaux de pont en or.
874. — 311ᵇ. Trois dents de pivot.
875. — 311ᶜ. Deux formes cohésives en or.
876. — 311ᵈ. Six formes en étain.
877. — 311ᵉ. Une denture en porcelaine.
878. — 311ᶠ. Six dentures en gomme.
879. — 311ᵍ. Quatre orifications.

CLASSE 15
Instruments de précision.

ETAT DE HIDALGO.

LUIS G. CERVANTEZ. (Pachuca.)

880. — 312. Balances de précision pour essais d'argent.

ETAT DE MICHOACAN.

LADISLAO LÓPEZ AGUADO. (Morelia.)

881. — 313. Table pour la réduction des monnaies, poids et mesures
mexicaines et étrangères.

ETAT DE NUEVO LEON.

JUAN FLORES. (Monterey.)

882. — 314. Une balance.

ETAT DE OAXACA.

FRANCISCO RAMIREZ. (Oaxaca.)

883. — 315. Une romaine inventée et construite par l'exposant.

CLASSE 16

Cartes et appareils de géographie et cosmographie, Topographie.

DISTRICT FÉDÉRAL.

TRAVAUX PUBLICS DU MEXIQUE (Secrétariat des).

884. — 316ª. Une carte géologique à l'échelle de 1 : 2 500 000 originale).

885. — 316ᵇ. Une carte minière à l'échelle de 1 : 2 500 000 (originale).

886. — 316ᶜ. Sept plans divers à l'échelle de 1 : 200 000 (originaux).

887. — 316ᵈ. Onze vues et paysages géologiques à l'échelle de 1 : 20 000 (originaux).

888. — 316ᵉ. Quatre plans de détails géographiques à l'échelle de 1 : 20 000 1 : 2 000, 1 : 5 000 (originaux).

889. — 316ᶠ. Travaux faits par une commission géologique spéciale.

Section de cartographie :

890. — 316ᵍ. Nouvelle carte générale de la République mexicaine, échelle de 1 : 2 000 000 (originale).

Section des chemins de fer :

891. — 316ʰ. Carte des voies ferrées de la République mexicaine à l'échelle de 1 : 2 000 000 (originale).

Section des télégraphes :

892. — 316ⁱ. Carte télégraphique de la République mexicaine à l'échelle de 1 : 1 500 000 (originale). Travaux faits spécialement pour l'Exposition universelle.

INTÉRIEUR DU MEXIQUE (Secrétariat de l').

893. — 317ª. Carte postale de la République mexicaine à l'échelle de 1 : 2 000 000 (originale).

FINANCES (Secrétariat des).

894. — 318. Carte administrative de la République Mexicaine à l'échelle de 1 : 200 000 (originale).

ÉCOLE NATIONALE D'AGRICULTURE DE SAN JACINTO.

895. — 319ª. Carte hydrographique de la République Mexicaine à l'échelle de 1 : 3 000 000 (originale).

896. — 319ᵇ. Carte altimétrique à l'échelle de 1 : 3 000 000 (originale).

897. — 319ᶜ. Carte agrologique à l'échelle de 1 : 3 000 000 originale.

898. — 319ᵈ. Carte climatologique à l'échelle de 1 : 3 000 000 originale).

899. — 319ᵉ. Quatre cartes agronomiques : coton, blé, maïs, haricots, café et tabac à l'échelle de 1 : 3 000 000 (originales).

FERNANDO ROZEN WEISG. (Mexico.)

> **900.** — 320. Un plan géographique du plateau de l'Anahuec à l'échelle de 1 : 500 000 (originale).

ANTONIO GARCIA Y CUBAS. (Mexico.)

901. — 321ª. Carte orohydrographique de la République Mexicaine.

902. — 321ᵇ. Plan du district fédéral à l'échelle de 1 : 50 000 (originale).

903. — 321ᶜ. Statistique et historique de la République Mexicaine formée par trente et une cartes des États, territoires et carte des chemins de fer avec texte en espagnol, français et anglais (2 vol.).

904. — 321ᵈ. Atlas méthodique des écoles.

ETAT DE GUANAJUATO.

BUSTO, ORELLANA et Cie. (Guanajuato.)

905. — 322. Carte géographique de l'État de Guanajuato à l'échelle de 1 : 150 000.

ETAT DE PUEBLA.

ETAT (Gouv. de l'). (Puebla.)

906. — 323ª. Bulletin de statistique de l'État.

907. — 323ᵇ. Statistique judiciaire de l'État.

908. — 323ᶜ. Collection de cartes cadastrales aux échelles de 1 : 1000 ; 1 : 10000 ; 1 : 1500 ; 1 : 20000 ; 1 : 5000.

ETAT DE QUERETARO.

ETAT (Gouv. de l'). (Querétaro.)

909. — 324. Plan topographique et hydrographique de la ville de Querétaro levé en 1885 par les ingénieurs Charles Alcocer et Adolphe de la Isla ; dessiné par Edmond de la Isla, ingénieur topographique.

ETAT DE SINALOA.

COLLÈGE DE ROSALES. Culiacan. (Sinaloa.)

910. — 325. Une carte industrielle de l'État faite par les élèves Ponce de Léon et Alphonse M. Zevada (originale).

FRÉDÉRIC WEIDNER. Culiacan. (Sinaloa.)

911. — 326. Une carte de l'État de Sinaloa, échelle de 1 : 20 000.

ETAT DE VERACRUZ.

COMMISSION GÉOGRAPHIQUE. — EXPLORATRICE DE LA RÉPUBLIQUE MEXICAINE. Xalapa.

912. — 327ᵃ. Une feuille : Système de fractionnement pour les cartes générales de la République.

913. — 327ᵇ. Vingt feuilles de la carte générale de la République construite à la cent-millionième partie, par le système horizontal (originales).

914. — 327ᶜ. Une feuille des environs de Puebla à l'échelle de 1 : 50 000, système vertical.

915. — 327ᵈ. Deux feuilles : Ville de Teziutlan à l'échelle de 1 : 5000 dessinées par les systèmes horizontal et vertical (originales).

916. — 327ᵉ. Une feuille : ville de Chalchicomolan à l'échelle de 1 : 5000 par le système horizontal (originale).

917. — 327ᶠ. Treize feuilles : environs de Puebla à l'échelle de 1 : 20000, système horizontal (originales et imprimées).

918. — 327ᵍ. Deux feuilles : Colonie de Torim : système de tracés de populations ; nomenclature des rues, etc. Proposés par l'ingénieur Agustin Diaz.

919. — 327ʰ. Collection d'albums, livres de calculs, atlas, itinéraires, catalogues de nombres doubles, atlas de signes, impressions diverses. Travaux destinés à donner une idée des procédés employés et des résultats obtenus.

ÉTAT (Gouv. de l'). (Veracruz.)

920. — 328ᵃ. Carte géographique de l'État de Veracruz à l'échelle de 1 : 50000.

921. — 328ᵇ. Tableau historique et géographique du même à l'échelle de 1 : 950000.

922. — 328ᶜ Plan de la ville d'Orizaba, de Jalapa et Veracruz aux échelles respectives de 1 : 4000 ; 1 : 3000 ; 1 : 2500.

923. — 328ᵈ. Plan de l'établissement pénitentiaire de l'État, échelle de 0 m. 005 par mètre.

ETAT DE YUCATAN.

ÉTAT (Gouv. de l'). Mérida.

924. — 329ᵃ. Collection de statistiques du registre civil de Yucatan.

925. — 229ᵇ. Plan de la péninsule de Yucatan, arrangé spécialement pour l'Exposition.

GROUPE III

AMEUBLEMENT — TAPIS — CÉRAMIQUE

CLASSE 17
Meubles.

DISTRICT FÉDÉRAL.

MARIANO FERNANDEZ. (Mexico.)

    926. — 1. Meubles de toilette incrustés ivoire et écaille.

HOFFMAN ET Cie. (Mexico.)

    927. — 2. Meuble de table, bois précieux, style aztèque.

ETAT DE DURANGO.

IGNACIO YRAZABAL. (Mezquital.)

    928. — 3. Équipages, 8 objets. (Valises.)

ETAT DE JALISCO.

CERVANTES AURELIO. (Guadalajara.)

    929. — 4. Chaise perforée.

ÉTAT (Gouv. de l').

    930. — 5. Deux équipages. (Valises). (Guadalajara.)

GOMEZ VIDAL. (Guadalajara.)

    931. — 6. Deux équipages. (Valises.)

OROZCO ANTONIO. (Guadalajara.)

    932. — 7. Chaise perforée.

RUIZ DE VELASCO. (Guadalajara.)

    933. — 8. Deux chaises otate et tapisserie.

ETAT DE MICHOACAN.

ÉTAT (Gouv. de l').

    934. — 9. Deux chaises pin. (Uruapan.)

ETAT DE PUEBLA.

ÉTAT (Gouv. de l').

935. — 10ª. Une chaise, noyer et béjuco. (Atlixco.)
936. — 10ᵇ. Un lit otate. (Chiautla.)

ETAT DE SAN LUIS POTOSI.

ÉTAT (Gouv. de l').

937. — 11ª. Table bois de peru. (Santa-Maria-del-Rio.)
937 bis. — 11ᵇ. Caisse, bois incrusté. (Idem.)
938. — 11ᶜ. Deux chaises pin. (San Luis Potosi.)
939. — 11ᵈ. Coffre, bois précieux. (Idem.)

ETAT DE VERACRUZ.

ÉTAT (Gouv. de l').

940. — 12. Plateau cèdre. (Papautla.)

CLASSE 18

Ouvrage du tapissier et du décorateur.

ETAT DE AGUASCALIENTES.

ETAT (Gouv. de l').

941. — 1. Six porte-portrait. (Aguascalientes.)

ETAT DE NUEVO LEON.

CASTILLO DANIEL. (Monterey.)

942. — 2. Un porte-portrait, noyer taillé.

ETAT DE PUEBLA.

DOMENECH JOSÉ. (Tehuacan.)

943. — 3ª. Une croix onyx.
944. — 3ᵇ. Cinq recouvrements pour meubles, marbre et onyx.

ETAT (Gouv. de l').

945. — 4ª. Deux chandeliers onyx. (Puebla.)
946. — 4ᵇ. Trente-six polygones onyx. (Idem.)
947. — 4ᶜ. Porte-cartes onyx. (Idem.)
948. — 4ᵈ. Fruits, onyx. (Idem.)
949. — 4ᵉ. Deux recouvrements de table, onyx. (Idem.)
950. — 4ᶠ. Une croix onyx. (Idem.)

951. — 4ᶠ. Trois animaux onyx. (Idem.)
952. — 4ʰ. Pièces diverses onyx. (Idem.)

LOZADA LUIS DEL CARMEN. (Puebla.)

953. — 5. Porte-photographies doré avec inscription.

OLIMAN MANUEL. (Puebla.)

954. — 6ª. Cent quarante-quatre cubes onyx.
955. — 6ᵇ. Trente-huit livres onyx.
956. — 6ᶜ. Trois cent seize fruits onyx.

ETAT DE QUERETARO.

ALMARAZ ET GUILLEN DIÉGO. (Querétaro.)

957. — 7. Sculpture de bois.

ETAT DE SAN LUIS POTOSI.

TENA HILARIO. (San Luis Potosi.)

958. — 8. Porte-photographie, noyer taillé.

TERRITOIRE DE TÉPIC.

CHEF POLITIQUE. (Tépic.)

959. — 9. Porte-photographie, bois précieux.

ETAT DE ZACATECAS.

ETAT (Gouv. de l').

960. — 10. Caisse contenant moulures de bois. (10 exposants zacatecas.

CLASSE 19

Cristaux, verrerie et vitraux.

ETAT DE TLAXCALA.

GUINAR H. (Santa Anna Chautempan.)

961. — 1. Objets de lavabo, cristal.

CLASSE 20
Céramique.

ETAT DE AGUASCALIENTES.

HERNANDEZ BARNABÉ. (Aguascalientes.)
962. — 2. Objets divers de porcelaine.

ÉTAT (Gouv. de l').
963. — Objets divers terre cuite. (Aguascalientes.)
964. — Quatre vases terre cuite. (Idem.)

ETAT DE CAMPÊCHE.
ÉTAT (Gouv. de l').
965. — 3. Objets divers terre cuite et vernissés. (Campêche.)

DISTRICT FÉDÉRAL.
DISTRICT (Gouv. du).
966. — 4. Cadre avec figures terre cuite. (Mexico.)

ETAT DE DURANGO.

YRAZABAL IGNACIO. (Durango.)
967-968-969. — 5. Terres cuites diverses, peintes et non peintes.

ETAT DE HIDALGO.

CHEF POLITIQUE. (Xacualtipam).
970. — 6. Échantillons de kaolin.

ETAT DE JALISCO.
ÉTAT (Gouv. de l').
971. — 7ª. Terres cuites diverses, peintes et non peintes.

PANDURO. (San Pedro.)
972. — 7ᵇ. Bustes terre cuite, peints et non peints.

RUIZ VELASCO HERMANO. (San Pedro.)
973. — 8. Divers objets terre cuite, dorés et non dorés.

RUIZ VELASCO SALVADOR. (San Pedro.)
974. — 9. Divers objets terre cuite, dorés et non dorés.

VARGAS EPIFANIO. (Sayula.)

975. — 10ᵃ. Vases terre cuite.
976. — 10ᵇ. Faïences bleues.
977. — 10ᶜ. Moulures et objets divers.

ETAT DE MICHOACAN.

ÉTAT (Gouv. de l').

978. — 11. Objets divers terre cuite. (Zinaparo.)
979. — 11ᵃ. « Huango ». (Idem.)
980. — 11ᵇ. Huango. (Idem.)

ETAT DE MORELOS.

ÉTAT (Gouv. de l').

981. — 12ᵃ. Objets divers terre cuite et vernissés. (San Anton.)
982. — 12ᵇ. Échantillons de terres cuites. (Idem.)
983. — 12ᶜ. Deux marmites, terre cuite, plaquées porcelaine. (Idem.)

ETAT DE NUEVO LEON.

BERNAL JUAN. (Monterey.)

984. — 13. Objets divers terre cuite et vernissés.

GUTIERREZ FERNANDO. (Monterey.)

985. — 14. Vases et cruches terre cuite et vernissés.

ETAT DE OAXACA.

ÉTAT (Gouv. de l').

986. — 15. Échantillons de briques bleues, rouges et noires. (San Marcos.)

ETAT DE PUEBLA.

ÉTAT (Gouv. de l').

987. — 16ᵃ. Objets terre cuite. (Puebla.)
988. — 16ᵇ. Briques à carreler. (Idem.)
989. — 16ᶜ. Carreaux de faïence. (Idem.)
990. — 16ᵈ. Crachoirs. (Idem.)
991. — 16ᵉ. Vases. (Idem.)
992. — 16ᶠ. Moules à sucre. (Idem.)

ETAT DE SAN LUIS POTOSI.

ÉTAT (Gouv. de l').

993. — 17. — Cruches terre cuite et vernissées. (San Luis Potosi.)

ETAT DE VERACRUZ.

ÉTAT (Gouv. de l').

994. — 18. Échantillons carreaux terre cuite, blancs et noirs. (Aguazuelos.)

CLASSE 21

Tapis, tapisserie et autres tissus d'ameublement.

ETAT DE CAMPECHE.

ÉTAT (Gouv. de l').

995. — 1. Nattes d'appartement, peintes. (Nunkini.)

ETAT DE CHIAPAS.

ÉTAT (Gouv. de l').

996. — 2. Nattes, palmier. (Comitán.)

ETAT DE GUANAJUATA.

ÉTAT (Gouv. de l').

997. — 3. Un tapis de table. (San Luis de la Paz.)

ETAT DE GUERRERO.

ÉTAT (Gouv. de l').

998. — 4. Nattes, palmier. (Tlapa.)

ETAT DE JALISCO.

ÉTAT (Gouv. de l').

999. — 5. Dix jeux de rideaux, laine. (Guadalajara.)

ETAT DE PUEBLA.

ÉTAT (Gouv. de l').

1000. — 6. Nattes, palmier et cocotier. (Puebla.)

PEREZ MANUEL. (Puebla.)

1001. — 7. Passementeries, laine et coton.

ETAT DE YUCATAN.

ÉTAT (Gouv. de l').

1002. — 8. Tapis henequén blancs et de couleur. (Tixkokole).

CLASSES 22 ET 23 (*Néant*).

CLASSE 24
Orfèvrerie.

ETAT DE MICHOACAN.

GARCIA JUAN. (Morelia.)

1003. — 1. Calice filigrane d'argent.

ETAT DE NUEVO LEON.

ROCHA URIZAR PEDRO. (Monterey.)

1004. — 2ᵃ. Ronds de serviettes, filigrane d'argent.

1005. — 2ᵇ. Pince à sucre. (Idem.)

1006. — 2ᶜ. Quatre cuillers. (Idem.)

1007. — 2ᵈ, Une corbeille. (Idem.)

CLASSE 25
Bronzes d'art, fontes d'art diverses, ferronnerie d'art, métaux repoussés.

CONTRERAS JESUS. (Paris.)

1008. — 1ᵃ. Bronze d'art.

1009. — 1ᵇ. Zinc d'art polychrome.

ETAT DE HIDALGO.

HONEY RICARDO. (La Encarnacion.)

1010. — 2. Aigle fer fondu.

ETAT DE JALISCO.

ETAT (Gouv. de l').

1011. — 3. Vase fer fondu. (Lagos.)

ETAT DE TLAXCALA.

ACEDO HERMANO ET RIBERA. (Panzacola.)

1012. — 4. Bas-relief fer fondu.

CLASSE 26 *(Néant)*.

CLASSE 27
Éclairage.

ETAT DE JALISCO.
ÉTAT (Gouv. de l').
1013. — 1. Deux lampes. (Guadalajara.)

ETAT DE MICHOACAN.
ÉTAT (Gouv. de l').
1014. — 2. Deux lampes. (Morelia.)

ETAT DE YUCATAN.
ÉTAT (Gouv. de l').
1015. — 3. Chandelles. (Merida.)

CLASSE 28
Parfumerie.

ETAT DE NUEVO LEON.

JUSTO DEL PILAR. (Monterey.)
1016. — 1ª. Teinture noire pour cheveux.
1017. — 1ᵇ. Lait d'ambroisie pour toilette.

ETAT DE OAXACA.
ÉTAT (Gouv. de l').
1018. 2. Flacon de liquidambar. (San Andres Telcoapam.)

ETAT DE YUCATAN.

CARDENAS DE SALAZAR DESIDERIA. (Merida.)
1019. — 3. Poudres de toilette.

CLASSE 29
Vannerie, Sacs, Brosserie.

—

ETAT DE AGUASCALIENTES.

ETAT (Gouv. de l').

 1020. — 1. Douze paniers diverses grandeurs. (Aguascalientes.)

ETAT DE CAMPECHE.

ETAT (Gouv. de l').

 1021. — 2. Petits sacs joncs et palmiers. (Nunkini.)

ETAT DE CHIAPAS.

ETAT (Gouv. de l').

 1021 bis. — 3ª. Six corbeilles qualité commune. (Chiapas.)
 1022. — 3ʰ. Calebasses peintes. (Chiapas de Corzo.)
 1023. — 3ᶜ. Quatre porte-cigares palmier. (Comitan.)

ETAT DE COAHUILA.

ETAT (Gouv. de l').

 1024. 4ª. Quatre petits sacs ixtle. (Saltillo.)
 1025. — 4ʰ. Six paniers otate. (Idem.)

DISTRICT FÉDÉRAL.

DISTRICT (Gouv. du).

 1026. — 5ª. Guéridon ivoire. (Mexico.)
 1027. — 5ʰ. Coffret camalote. (Idem.)
 1028. — 5ᶜ. Trois coffres linaloe. (Idem.)
 1029. — 5ᵈ. Meubles et objets en bois. (Idem.)
 1030. — 5ᵉ. Deux caisses échantillons de moulures. (Idem.)
 1031. — 5ᶠ. Tasses peintes. (Idem.)
 1032. — 5ᵍ. Paniers. (Idem.)
 1033. — 5ʰ. (Cabarets) papote. (Idem.)

ETAT DE DURANGO.

ETAT (Gouv. de l').

 1034. — 6ª. Tamis et bluteaux. (Durango.)
 1035. — 6ʰ. Plumeaux, petits balais. (Idem.)
 1036. — 6ᶜ. Petit moulin de ménage. (Idem.)

ETAT DE GUERRERO.

ETAT (Gouv. de l').

 1037. — 7ª. Six paniers qualité commune. (Chilpancingo.)

1038. — 7ᵃ. Six calebasses communes de laque. (Idem.)

1039. — 7ᶜ. Tasses de laque. (Teloloapam.)

1040. — 7ᵈ. Coffres bois précieux, objets laque peinto imitant des fruits. (Olinala.)

ETAT DE HIDALGO.

ÉTAT (Gouv. de l').

1041. — 8. Six corbeilles, palmier. (Hidalgo.)

ETAT DE JALISCO.

ÉTAT (Gouv. de l').

1042. — 9. Douze paniers diverses grandeurs. (Guadalajara.)

GOMEZ VIDAL. (Zacoalco.)

1043. — 10ᵃ. Douze soufflets, palmier.

1044. — 10ᵇ. Douze petits moulins.

1045. — 10ᶜ. Douze cuillers.

1046. — 10ᵈ. Douze tamis.

MATUTE JUAN H. (Guadalajara.)

1047. — 11. Douze petits balais ordinaires.

ETAT DE MICHOACAN.

ÉTAT (Gouv. de l').

1048. — 12ᵃ. Balais et plumeaux. (Patxcuaro.)

1049. — 12ᵇ. Tasses, soucoupes, plats, divers recouvrements de table, etc., en laque. (Uruapam.)

1050. — 12ᶜ. Cuillers et petits moulins de ménage. (Idem.)

1051. — 12ᵈ. Deux coffres bois peint. (Idem.)

1052. — 12ᵉ. Douze brosses qualité commune. (Idem.)

ETAT DE NUEVO LEON.

ÉTAT (Gouv. de l').

1053. — 13. Douze plumeaux ordinaires. (Monterey.)

ETAT DE OAXACA.

ÉTAT (Gouv. de l').

1054. — 14. Six paniers bejuge. (Teotalzingo.)

ETAT DE PUEBLA.

ÉTAT (Gouv. de l').

1055. — 15ᵃ. Paniers de canne, nattes, balais, soufflets, sacs, etc. (Puebla.)

1056. — 15ᵇ. Paniers, sacs palmier. (Tehuacán.)

1057. — 15ᶜ. Coffre de fantaisie. (Chiautla.)

ETAT DE QUERETARO.

ÉTAT (Gouv. de l').

1058. · 16. Paniers diverses qualités et diverses grandeurs, 50 objets.

ETAT DE SAN LUIS POTOSI.

ÉTAT (Gouv. de l').

1059. — 17. Douze plumeaux, deux brosses et six corbeilles palmier. (San Luis Potosi.)

ETAT DE TABASCO.

ROSADO DESIDERIO G. (Comalcalco.)

1060. — 18. Six tasses.

ETAT DE TAMAULIPAS.

ÉTAT (Gouv, de l').

1061. 19. — Six balais, lechuguilla. (Tamaulipas.)

ETAT DE VERACRUZ.

GUERRA MACARIA (B. de). (Veracruz.)

1062. — 20. Un costurero de paille Jalapa.

ÉTAT (Gouv. de l').

1063. — 21a. Une corbeille de fleurs Jalapa. (Veracruz.)
1063 bis. — 21b. Brosses et balais Jalapa. (Idem.)

HOFFMAN ET Cie. (Veracruz.)

1063 ter. — 22. Balais de millo Jalapa.

ETAT DE YUCATAN.

ÉTAT (Gouv. de l').

1064. — 23a. Paniers mimbre. (Merida.)
1065. — 23b. Éventails, paniers, tasses, moulins. (Idem.)
1066. — 23c. Une caisse bois de cherchen, objets en écailles, faits par Cecilio, Dorantez et Santiago Ramirez. (Idem.)

ETAT DE ZACATECAS.

ÉTAT (Gouv. de l').

1067. — 24. Six corbeilles otate. (Zacatecas.)

GROUPE IV

TISSUS, VÊTEMENTS ET ACCESSOIRES

CLASSE 30
Fils et tissus de coton.

« DAVILA HOYOS » (Fabrique). (Coahuila. Saltillo.)

    1068. — 1. Toile « Mascotte ».

« LIBERTAD » (Fabrique). (Coahuila, Saltillo.)

    1069. — 2. Cotonnades.

« EL LABRADOR » (Fabrique). (Coahuila, Saltillo.)

    1070. — 3. Cotonnades.

« LA AURORA » (Fabrique). (Coahuila, Saltillo)

    1071. — 4. Cotonnades.

MADERO ET Cie (Coahuila, Parras.)

    1072. — 5. Toile « Mexico », 4 pièces.
    1073. — 5a. Dril écru, 3 pièces.
    1074. — 5b. Dril plombo, 2 pièces.
    1075. — 5c. Étoffes rayées bleues, 2 pièces.
    1076. — 5d. Mezclilla, 2 pièces.
    1077. — 5e. Percale rouge, 2 pièces.
    1078. — 5f. Dril blanc, 3 pièces.
    1079. — 5g. Dril café, 2 pièces.
    1079 bis. — 5h. Étoffes rayées café, 2 pièces.
    1080. — 5i. Trame à tisser rouge, 2 kil. 300.
    1081. — 5j. Trame bleue, 2 kil. 300.
    1081 bis. — 5k. Trame café, 2 kil. 300.

« SAN CAYETANO » (Fabrique). (Coahuila, Parras.)

    1082. — 6. Coton cardé.
    1083. — 6a. Trame.
    1084. — 6b. Cotonnades, 3 pièces.

« LA PROVIDENCIA » (Fabrique). (Coahuila, Parras.)

1085. — 7. Trame, 2 échantillons.

ÉTAT DE CHIAPAS (Gouv. de l').

1086. — 8. Serviettes. Manufactures indigènes. (Comitán.)

« TALAMANTES » (Fabrique). (Chihuahua, Allende.)

1087. — 9. Trame (3 et 4 fils).

1088. — 9ª. Cotonnades.

DISTRICT FÉDÉRAL (Comité du).

1089. — 10. Cotonnades, 12 pièces. (Mexico.)

1090. — 10ª. Étoffes imprimées, 5 pièces. Fabrique « San Cipriano ». (Tlaxcala.)

1091. — 10ᵇ. Étoffes imprimées, 7 pièces. Fabrique « La Teja ». (Idem.)

1092. — 10ᶜ. Étoffes imprimées, 2 pièces. Fabrique « La Alsacia ». (Idem.)

1093. — 10ᵈ. Étoffes imprimées, 2 pièces. Fabrique « Cerritos ». (Veracruz.)

1094. — 10ᵉ. Étoffes imprimées, 1 pièce. Fabrique « La Concepcion ». (Etat de Mexico.)

1095. — 10ᶠ. Étoffes imprimées. Fabrique « Miraflores ». (Idem.)

CARBALLEDA ET FOUGERAT. (Mexico.)

1096. — 11. Trame, 5 écheveaux.

Cⁱᵉ MANUFACTURIÈRE DU TUNAL. (Durango.)

1097. — 12. Échantillons d'étoffes imprimées.

ÉTAT DE DURANGO (Gouv. de l').

1098. — 13. Cotonnades. Fabrique « La Providencia ». (Leon.)

1099. — 13ª. Cotonnades. Fabrique « El Tambor ». (Idem.)

1100. — 13ᵇ. Cotonnades. Fabrique « Belen ». (Idem.)

1101. — 13ᶜ. Cotonnades. Fabrique « El Salto ». (Idem.)

GUANAJUATO (Gouv. de).

1102. — 14. Trame. Fabrique « La Americana ». (Leon.)

GONZALEZ EUSEBIO. (Guanajuato-Celaya.)

1103. — 15. Cotonnades et toile de coton, 6 pièces.

SANCHEZ MARGARITO. (Guanajuato-Iturbide.)

1104. — 16. Tissus de coton, 7 échantillons.

ÉTAT DE GUERRERO (Gouv. de l').

1105. — 17. Trame, 2 échantillons. (Gabcana.)

CARRANZA FRANCISCO ISAAC (Guerrero, Chilapa.)

1106. — 18. Cantón.

GARCIA ALEXANDRE. (Hidalgo, Huichapan)

1107. — 19. Couverture piqué.

« LA ESCOBA » (Fabrique). (Jalisco, Guadalajara.)

1108. — 20. Trame.
1109. — 20ª. Cotonnades.

« LA EXPERIENCIA » (Fabrique). (Jalisco, Guadalajara.)

1110. — 21. Trame nº 16.
1111. — 21ª. Trame nº 20.

DE ATEMAJAC Cie. (Jalisco, Guadalajara)

1112. — 22. Trame nº 16.
1113. — 22ª. Trame nº 20.
1114. — 22ᵇ. Cotonnades.
1115. — 22ᶜ. Cotonnades. Dril B.
1116. — 22ᵈ. Cotonnades. Cantón sergé.
1117. — 22ᵉ. Cotonnades. Cantón rayé.

« LA VICTORIA » (Fabrique). (Jalisco, Lagos.)

1118. — 23. Trame nº 16.
1119. — 23ª. Trame nº 20.
1120. — 23ᵇ. Cotonnades A 1º et A.
1121. — 23ᶜ. Cotonnades A².
1122. — 23ᵈ. Cotonnades A² L.
1123. — 23ᵉ. Serviettes pour bain, 8.
1124. — 23ᶠ. Couvertures piqué (diverses), 3.

GUTIERREZ IGNACIO. (Jalisco, Lagos.)

1125. — 24. Couvertures piqué, 2.

MACIAZ JUANA. (Jalisco, Lagos.)

1126. — 25. Dril bleu.

AMECAMECA (Municipalité de).

1127. — 26. Driles. (État de Mexico.)

PELAEZ PEDRO. (Mexico Tlalnepantla.)

1128. — 27. Cotonnades, 7 pièces.

ÉTAT DE MICHOACAN (Gouv. de l').

1129. — 28. Dril ouvré. (La Piedad.)
1130. — 28ª. Dril ouvré. (Idem.)
1131. — 28ᵇ. Cotonnades. Fabricant, Feliciano Vidales. (Uruapan.)

1132. — 28ᶜ. Cotonnades. Fabricant, Feliciano Vidales. (Uruapan.)

1133. — 28ᵈ. Cotonnades ouvrées. (Idem.) (Idem.)

1134. — 28ᵉ. Cotonnades n° 2. Producteur, Faustino Vidales. (Idem.)

1135. — 28ᶠ. Cotonnades n° 3. (Idem.) (Idem.)

1136. — 28ᵍ. Cotonnades de couleur. (Idem.) (Idem.)

1137. — 28ʰ. Cotonnades. Fabrique « La Union ». (Idem.)

1138. — 28ⁱ. Trame. (Idem.) Idem.)

1139. — 28ʲ. Couverture, piqué de toile. (Idem.)

1140. — 28ᵏ. Couverture, piqué de coton et laine. (Parangari-
cutiro.)

1141. — 28ˡ. Serviettes. (Idem.)

ÉTAT DE MORELOS (Gouv. de l').

1142. — 29. Serviette. Manufactures indigènes. (Tepoxtlan.)

RIVERO VALENTIN. (Nuevo Leon-Monterey.)

1143. — 30. Toile de Monterey, 2 pièces. Fabrique « El Porvenir ».

1144. — 30ᵃ. Percales diverses, 16 pièces. (Oaxaca.)

ÉTAT DE OAXACA (Gouv. de l').

1145. — 31. Serviettes, 14 pièces. (Manufactures indigènes.)
(Oaxaca.)

1146. — 31ᵃ. — Cotonnades. (Idem.) (Idem.)

MONAS GRANDISSON ET FILS. (Oaxaca.)

1147. — 32. Cotonnades n° 1. Fabrique «Xia ».

1148. — 32ᵃ. Cotonnades n° 2.

1149. — 32ᵇ. Cotonnades n° 3.

1150. — 32ᶜ. Cotonnades n° 4.

1151. — 32ᵈ. Trame, 5 paquets.

ZORRILLA JOSÉ. (Oaxaca.)

1152. — 33. Cotonnade « Foro ». Fabrique « Etla ».

1153. — 33ᵃ. Cotonnade M A.

1154. — 33ᵇ. Cotonnade M B.

ÉTAT DE PUEBLA (Gouv. de l').

1155. — 34. Trame n° 16. Producteur Gavito et fils. (Cholula.)

1156. — 34ᵃ. Trame n° 18. Producteur José M. Martinez Conde.
(Puebla.)

1157. — 34ᵇ. Trame n° 20. Producteur Dionisio Velasco. (Puebla.)

1158. — 34ᶜ. Trame n° 24. (Idem.) (Idem.)

1159. — 34ᵈ. Cotonnade. (Idem.) (Idem.)

1160. — 34ᵉ. Cotonnade. Fabricant Alexandre Guijano. (Puebla.)

1161. — 34ᶠ. Cotonnade. Fabricant Ortiz Borbolla Hermano. (Idem.)

1162. — 34ᵍ. Cotonnade. Fabricant Gavito et fils. (Cholula.)

1163. — 34ʰ. Cotonnade. Fabricant Juan Matienzo. (Puebla.)

1164. — 34¹. Coton. (Tepeaca.)
1165. — 34ʲ. Canton. (Idem.)
1166. — 34ˡ. Serviettes, 4. Manufactures indigènes. Tetela.)
1167. — 34ᵐ. Serviettes. (Idem.) (Idem.)
1168. — 34ⁿ. Serviettes faites par Margarito Taramillo. (Puebla.
1169. — 34ᵒ. Couvertures, piqué blanc. (Idem.)
1170. — 34ᵖ. Tissus. (Idem.)

GAVITO ET FILS. (Puebla, Cholula.)

1171. — 35. Étoffes imprimées, 20 pièces.

TARAMILLO MARGARITO. (Puebla, Cholula.)

1172. — 36. Serviettes veloutées.

MATIENZO JUAN. (Puebla, Cholula.)

1173. — 37. Cotonnade.
1174. — 37ᵃ. Cotonnade n° 20.

MACIEL DIONISIO. (Querétaro.)

1175. — 38. Couverture piqué coton de couleur.
1176. — 38ᵃ. Cambayas, 1 pièce et 8 échantillons.
1177. — 38ᵇ. Coutils. (Idem.)
1178. — 38ᶜ. Cantones, 1 pièce et 7 échantillons.

RIVERA NEMESIO. (Querétaro.)

1179. — 39. Trame de couleur, 2 échantillons.
1180. — 39ᵃ. Fil qualité commune, 1/4 de paquet.
1181. — 39ᵇ. Fil qualité commune, 1/4 de paquet.

RUBIO CARLOS M. (Querétaro.)

1182. — 40. Cotonnade A 1.
1183. — 40ᵃ. Cotonnade A 2.

TERRAZAS MODESTA. (Querétaro.)

1184. — 41. Serviettes de coton, 4.
1185. — 41ᵃ. Couverture piqué blanche. (Culiacán.)

ÉTAT DE SAN LUIS POTOSI (Gouv. de l').

1186. — 42. Étoffes rayées. (Culiacán.)
1187. — 42ᵃ. Cambaya. (Idem.)
1188. — 43. Dril de couleur, 2 échant. (Idem.)
1189. — 43ᵃ. — Serviette (nid d abeilles). (Idem.)

« LA BAHIA » (Fabrique). (Sinaloa-Mazatlan.)

1190. — 44. Coutil, dril et cantón, 4 pièces.

« LA UNION » (Fabrique). (Sinaloa, Mazatlan.)

    1191. — 45. Cotonnade, 3 pièces.

REDO ET Cie. (Sinaloa, Mazatlan.)

    1192. — 46. Cotonnade, 2 pièces.
    1193. — 46ª. Cotonnade, genre nid d'abeilles.

BARRON FORBES ET Cie. (Tepic.)

    1194. — 47. Toile « Tepiqueña », 6 pièces.

GAVITO ET FILS. (Tlaxcala, Zacatelco.)

    1195. — 48. Madapolán.

MARTINEZ CONDE MANUEL. (Tlaxcala, Barron Escadon.)

    1196. — 49. Cotonnade.

COCOLAPAM (Fabrique de). (Veracruz, Orizaba.)

    1197. — 50. Cotonnade sergée.
    1198. — 50ª. Cotonnade rayée.
    1199. — 50ᵇ. Cotonnade lisse P.
    1200. — 50ᶜ. Cotonnade lisse M B².
    1201. — 50ᵈ. Cotonnade lisse M C.
    1202. — 50ᵉ. Cotonnade lisse M E.
    1203. — 50ᶠ. Trame nº 40.
    1204. — 50ᵍ. Trame nº 16.
    1205. — 50ʰ. Trame nº 28.

ÉTAT DE VERACRUZ (Gouv. de l').

    1206. — 51. Trame. Fabrique « Lucas Martin ». (Jalapa.)
    1207. — 51ª. Trame. Fabrique « La Industria Jalapeña ». (Idem.)
    1208. — 51ᵇ. Trame. Fabrique « El Molino ». (Idem.)
    1209. — 51ᶜ. Trame. (Idem.) (Idem.)
    1210. — 51ᵈ. Coutil rayé bleu. Fabrique « El Molino ». (Idem.)
    1211. — 51ᵉ. Cotonnade. Fabrique « Lucas Martin ». (Idem.)
    1212. — 51ᶠ. Cotonnade. Fabrique « La Industria Jalapeña ». (Idem.)
    1213. — 51ᵍ. Cotonnade. Fabrique « El Molino ». (Idem.)
    1214. — 51ʰ. Cotonnade. (Idem.) (Idem.)
    1215. — 51ⁱ. Cordonnet blanc. (Idem.) (Idem.)
    1216. — 51ʲ. Toile (Lonilla). (Idem.) (Idem.)
    1217. — 51ᵏ. Cantón gris. (Idem.) (Idem.)
    1218. — 51ˡ. Cordonnet bleu. (Idem.) (Idem.)
    1219. — 51ᵐ. Étoffes rayées bleues. (Idem.) (Idem.)
    1220. — 51ⁿ. Étoffe rayée rouge. (Idem.) (Idem.)
    1221. — 51º. Serviettes, 4. Mouchoirs, 6. Cotonnade, 2. (Idem.) (Idem.)
    1222. — 51ᵖ. Cotonnade lisse. Fabrique « La Probidad ». (Idem.)

ÉTAT DE VERACRUZ (Gouv. de l').

  1223. — 51ᵠ. Cotonine. Fabrique « La Probidad ». (Jalapa.)
  1224. — 51ʳ. Cordonnet bleu. (Idem.)
  1225. — 51ˢ. Cordonnet bleu. (Idem.)
  1226. — 51ᵗ. Cordonnet bleu. (Idem.)
  1227. — 51ᵘ. Dril. (Idem.)

ÉTAT DE YUCATAN (Gouv. de l').

  1228. — 52. Échantillon des tissus. Fabrique « La Constancia ».
        (Merida.)
  1229. — 52ᵃ. Serviettes, 2. Manufactures indigènes. (Valladolid).
  1230. — Couverture piqué coton. (Idem.)

CLASSE 31

Tissus, Sacs, Tapis de table.

DISTRICT FÉDÉRAL (Comité du).

  1231. — 1. Toile ixtle, 12. (Mexico.)

ÉTAT DE DURANGO (Gouv. de l').

  1232. — 2. Tissus de lechuguilla, 4. (San Juan de Guadalupe.)
  1233. — 2ᵃ. Sac, ixtle. (Idem.)

ÉTAT DE GUANAJUATO (Gouv. de l').

  1234. — 3. Trame de maguey. (Guanajuato, San Luis de la Paz.)

HUERTA ANTONIO. (Guanajuato, San Luis de la Paz.)

  1235. — 4. Toile ixtle.

ÉTAT DE GUERRERO (Gouv. de l').

  1236. — 5. Sacs ixtle, 29. (Teloloapan.)

ÉTAT DE HIDALGO (Gouv. de l').

  1237. — 6. Sacs ixtle, 6. (Ixmiquilpan.)
  1238. — 6ᵃ. Toiles ordinaires, 3. (Idem.)
  1239. — 6ᵇ. Toiles fines. (Idem.)

ÉTAT DE MICHOACAN (Gouv. de l').

  1240. — 7. Sacs, 2. (Zamora.)

IRIMBO (Municipalité de).

  1241. — 8. Toile de maguey. (Michoacan, Maravatio.)

ÉTAT DE MORELOS (Gouv. de l').

    1242. — 9. Tissus ixtle, 4. (Yautepec, Tlalnepantla.)

ÉTAT DE OAXACA (Gouv. de l').

    1243. — 10. Sacs ixtle, 2. (Villa Alta, San Pedro Cajones.)

ÉTAT DE PUEBLA (Gouv. de l').

    1244. — 11. Toiles, 2. (Alatriste, Ixtacamaxtitlan.)
    1245. — 11ᵃ. Tissus ixtle, 2. (Idem.)
    1246. — 11ᵇ. Sacs ixtle. (Idem.)

ÉTAT DE QUERETARO (Gouv. de l').

    1247. — 12. Toile de pita. (Cadereyta, Mendez.)
    1248. — 12ᵃ. Sacs, 2. (Toliman, Peñansiller.)
    1249. — 12ᵇ. Sacs, 2. (Cadereyta, Mendez.

ÉTAT DE SAN LUIS POTOSI (Gouv. de l').

    1250. — 13. Sacs tissés. (Guadalcazar.)
    1251. — 13ᵃ. Tapis de table ixtle, 10 varas. (San Luis Potosi.)
    1252. — 13ᵇ. Sacs tissés de malla, 2. (Idem.)

OTHON RAMON. (San Luis Potosi.)

    1253. — 14. Tapis de table ixtle, 8 varas.
    1254. — 14ᵃ. Tissus ixtle, 3.

ÉTAT DE TAMAULIPAS (Gouv. de l').

    1255. — 15. Sacs pita. (Zaragoza, Santa Isabel, Xiloxostla.)

ÉTAT DE TLAXCALA (Gouv. de l').

    1256. — 16. Echeveau d'ixtle. (Zaragoza, Santa Isabel, Xiloxostla.)
    1257. — 16ᵃ. Sacs ixtle, 4, tissés par Felipe Monte. (Idem.)

ÉTAT DE YUCATAN (Gouv. de l').

    1258. — 17. Sacs henequén, 6. (Tixkokob.)
    1259. — 17ᵃ. Sacs maiceros, 6. (Motul.)
    1260. — 17ᵇ. Fil henequén, 3 rouleaux. (Tixkokob.)
    1261. — 17ᶜ. Tissus henequén de couleur, 13. (Motul.)

ÉTAT DE ZACATECAS (Gouv. de l').

    1262. — 18. Sacs ixtle, 2. (Pinos.)

CLASSE 32
Fils et tissus de laine peignée.
Fils et tissus de laine cardée.

———

ÉTAT DE AGUASCALIENTES (Gouv. de l').

1263. — 1. Couvre-lit. (Aguascalientes.)
1264. — 1ª. Laine, 11 échant. (Idem.)

PARRA FELIPE. (Aguascalientes.)

1265. — 2. Poil de lapin.
1266. — 2ª. Poil de lièvre.

BASSE-CALIFORNIE (Préfecture politique de la).

1267. — 3. Couverture laine. (District Nord.)

ÉTAT DE COAHUILA (Gouv. de l') .

1268. — 4. Couverture laine. (Saltillo.)
1269. — 4ª. Echantillons poils de chèvre, 16. (Mexico.)

DISTRICT FÉDÉRAL (Comité du).

1270. — 5. Couvertures de lit, 2. (Mexico.)
1271. — 5ª. Coupons de cachemire, 12. (Idem.)
1272. — 5ᵇ. Tapis de table, 12 échant. (Idem.)

ÉTAT DE DURANGO (Gouv. de l').

1273. — 6. Couverture de lit. (Durango, Nombre de Dios.)
1274. — 6ª. Couverture en couleur. (Idem.)
1275. — 6ᵇ. Tapis de table; 20 varas. (Idem.)
1276. — 6ᶜ. Trame laine teinte, 12 livres. (Idem.)
1277. — 6ᵈ. Couvre-tableaux. (Idem.)

VINDISH ROBERTO. (Molino de Soria, Guanajuato, Celaya.)

1278. — 7. Cachemires, 14 échant.
1279. — 7ª. Bayette, 2 échant.
1280. — 7ᵇ. Couvertures lit, 4.

GONZALES EUSEBIO. (Jalisco, Ameca.)

1281. — 8. Tapis de table, 8 échant.
1282. — 8ª. Bayette, 2 échantillons.
1283. — 8ᵇ. Cachemires, 11 échant.

GODOY TRINIDAD. (Jalisco, Ameca.)

1284. — 9. Coupon de cachemire.

ETAT DE MICHOACÁN (Gouv. de l').

1285. — 10. Laine lavée et cardée, 8 échant. (Purnándiro.)

ETAT DE MORELOS (Gouv. de l').

1286. — 11. Coupons de laine. (Cuantla, Morelos.)

1287. — 11ª. Manteaux de laine, 2. (Nuevo Leon, Monterey.)

« LA FRONTERIZA » (Fabrique). (Huajuapan.)

1288. — 12. Cachemires.

1289. — 12ª. Bayette.

1290. — 12ᵇ. Flanelle.

ETAT DE OAXACA (Gouv. de l').

1291. — 13. Laine teinte. (Huajuapan.)

1292. — 13ª. Laine ordinaire. (Coixtlahuaca.)

1293. — 13ᵇ. Couverture rouge. (Tlacolula.)

1294. — 13ᶜ. Tissus de laine. (Ixtlán.)

1295. — 13ᵈ. Couvertures rouges. (Tlacolula).

1296. — 13ᵉ. Tissus de laine. (Huajuapan.)

ETAT DE PUEBLA (Gouv. de l').

1297. — 14. Tissus de laine. (Acatlán.)

1298. — 14ª. Couverture de lit. (Tepeaca.)

1299. — 14ᵇ. Tissus de laine, 2. (Tlatlanqui.)

LETONA ET Cie. (Puebla.)

1300. — 15. Couverture de lit.

LLACURI FRÈRES. (Puebla.)

1301. — 16. Couverture de lit.

ETAT DE SAN LUIS POTOSI (Gouv. de l').

1302. — 17. Étoffe, qualité commune, 2 échant. (San Luis Potosi.)

1303. — 17ª. Couverture de laine. (Idem.)

1304. — 17ᵇ. Couverture de lit. (Idem.)

MURIEDAS FRÈRES. (San Luis Potosi.)

1305. — 18. Couvertures diverses, 7. (Hacienda de Gogorrón.)

ETAT DE SINALOA (Gouv. de l').

1306. — 19. Etoffe de laine. (District del Fuerte.)

ETAT DE TLAXCALA (Gouv. de l').

1307. — 20. Couvertures de lit, 2. (Chiautempán.)

1308. — 20ª. Couvertures de lit, 3. (Idem.)

ETAT DE ZACATECAS (Gouv. de l').

1309. — 21. Étoffe, qualité commune, 6 échant. (Pinos.)

1310. — 21a. Étoffe de laine, 2 échant. (Idem.)
1311. — 21b. Tapis. (Idem.)
1312. — 21c. Couvertures, 2. (Idem.)
1313. — 21d. Couverture. (Villa Garcia.)
1314. — 21e. Couverture. (Ojo Caliente.)
1315. — 21f. Étoffe commune. (Villa Garcia.)
1316. — 21g. Étoffe commune. (Zacatecas.)
1317. — 21h. Tapis. (Idem.)
1318. — 21i. Laine lavée et cardée. (Guadalupe.)
1319. — 21j. Laine (trame de). (Zacatecas.)
1320. — 21k. Laine (mèche de). (Idem.)
1321. — 21l. Trame de laine. (Idem.)
1322. — 21m. Trame de laine. (Idem.)
1323. — 21n. Tissus, 3 échant. (Idem.)
1324. — 21o. Tapis, 6 échant. (Idem.)
1325. — 21p. Couvertures diverses, 4. (Idem.)
1326. — 21q. Cachemires. (Idem.)
1327. — 21r. Cachemires. (Idem.)

CLASSE 33

Soies et tissus de soies.

ÉTAT DE CHIAPAS (Gouv. de l').

1328. — 1. Soie sylvestre écheveaux, 2 échant. (Tuxtla, Gutierrez.)

ÉTAT DE CHIHUAHUA (Gouv. de l').

1329. — 2. Mouchoirs tissés, soie du pays. (Tuxtla, Gutierrez.)

CHAMBON HIPOLITO. (Mexico.)

1330. — 3. Tableau d'échantillons de soies teinte en écheveaux. (District fédéral.)
1331. — 3a. Huit écheveaux de soie teinte de diverses couleurs.

PACHECO CARLOS. (Mexico.)

1332. — 4. Tableau d'échantillons de soie teinte en trames. (District fédéral.)

HERNANDEZ MIGUEL. (Jalisco, Guadalajura.)

1333. — 5. Écheveaux de soie jaune, 2.
1334. — 5a. Dévidoirs de soie, 4.

QUINTANILLA ET FILS, PEDRO. (Nuevo Leon, Monterey.)

1335. — 6. Soie écrue teinte (Mèches de).

ÉTAT DE OAXACA (Gouv. de l').

    1336. — 7. Bande de soie tricolore. (Tehuantepec.)
    1337. — 7ª. Soie sylvestre. (Huenagate.)
    1338. — 7ᵇ. Ceinture de soie sylvestre. (Teotitlán.)
    1339. — 7ᶜ. Soie (mèche). (Cuicatlán.)
    1340. — 7ᵈ. Soie écrue en mèche. (Oaxaca.)
    1341. — 7ᵉ. Soie écrue. (Idem.)
    1342. — 7ᶠ. Soie sylvestre. (Idem.)
    1343. — 7ᵍ. Soie en écheveau. (Idem.)
    1344. — 7ʰ. Ceinture de soie sylvestre. (Tehuantepec.)
    1345. — 7ⁱ. Mouchoir, soie sylvestre. (Idem.)

ÉTAT DE PUEBLA (Gouv. de l').

    1346. — 8. Tissus de soie sylvestre. (Tetela.)

VILLEGAS ANTONIO. (Puebla)

    1347. — 9. Echeveaux de soie. (Hacienda del Carmen.)

BUTVARELA ANTONIO. (Veracruz Huatusco.)

    1348. — 10. Soie en mèche, 2 échant. (Colonia Manuel Gonzales.)

SALDAÑA RAFAEL. (Veracruz Orizaba.)

    1349. — 11. Mouchoirs tissés, soie du pays.

CLASSE 34
Dentelles, tulles, broderies et passementeries.

CHAVEZ MARIA ROSARIO Y REBECA. (Aguascalientes.)

    1350. — 1. Porte-cartes en fleurs artificielles.

ESTRADA LUISA. (Aguascalientes.)

    1351. — 2. Coussin brodé de soie brodé.

PEDROZA DE CHAVEZ PRISCA. (Saltillo.)

    1352. — 3. Mouchoir brodé de soie.
    1353. — 3ª. Fleurs et feuilles artificielles.

ÉTAT DE CAHUILA. (Gouv. de l').

    1354. — 4. Serviette tissée au crochet. (Saltillo.)
    1355. — 4ª. Amito brodé. (Colima.)
    1356. — 4ᵇ. Mouchoirs brodés, 2. (Idem.)
    1357. — 4ᶜ. Mouchoirs imprimés, 2. (Idem.)
    1357 bis. — 4ᵈ. Mouchoirs de soie de couleur, 2. (Idem.)

MEDINA MARIA GUADALUPE. (Colima.)

1358. — 5. Amito brodé.

DISTRICT FÉDÉRAL (Comité du).

1359. — 6. Ouvrage tissé au crochet, fait à la maison des enfants « Expositos ». (Mexico.)

1360. — 6ª. Couverture de malla pour coussin, de la maison des enfants « Expositos ». Idem.

1361. — 6ᵇ. Mouchoirs de cambrai brodés, 2 « Expositos ». Idem.

1362. — 6ᶜ. Tapis brodés, 2 « Expositos ». (Idem.)

1363. — 6ᵈ. Carpette unie peinte « Expositos ». (Idem.)

BAKER ISABEL ENRIQUETA. (District fédéral, Mexico.)

1364. — 7. Tableau brodé à la machine.

ESPINOSA ALBERTA. (District fédéral, Mexico.)

1365. — 8. Porte-cartes filigrane de velours.

ESPINOSA LUZ. (District fédéral, Mexico.)

1366. — 9. Livre de dévotion.

HERRERA CRISTINA. (District fédéral, Mexico.)

1367. — 10. Mouchoir de malla.

1368. — 10ª. Fleurs artificielles, 2 branches.

MALDONADO PETRONILA. (District fédéral, Mexico.)

1369. — 11. Tissus de chanvre.

ROBLES LINARES CLOTILDE. (Durango.)

1370. — 12. Cadre brodé de soie.

1371. — 12ª. Mouchoirs de dentelle anglaise.

1372 — 12ᵇ. Mouchoir frangé.

OLAGARAY REFUGIO (P. de). (Durango.)

1373. — 13. Couvre-lit avec pièces originales.

ARROYO ROSAURA ET MARIA. (Guanajuata.)

1374. — 14. Panier de fleurs artificielles.

AGUILAR RUFINA. (Guanajuato Iturbide.)

1375. — 15. Caisse de papier caneva, avec fleur de soie.

FRIAS FELICITAS. (Guanajuato, San Luis de la Paz.)

1376. — 16. Passementeries fil et or.

FRIAS MARIA. (Guanajuato, Iturbide.)

1377. — 17. Mouchoir brodé.

GALVÁN TIMOTEO. (Guanajuato, San Luis de la Paz.)
    1378. — 18. Rameau de fleurs artificielles.

GOMEZ NICANDRA. (Guanajuato, Iturbide.)
    1379. — 19. Chemise brodée.

GUTIERREZ LORENZA. (Guanajuato, San Luis de la Paz.
    1380. — 20. Carpette au crochet.
    1381. — 20ª. Mouchoir brodé et imprimé.

GUTIERREZ MARIA. (Guanajuato, San Luis de la Paz.)
    1382. — 21. Caisse avec petites figures de soi..

HERNANDEZ DOLORES. Guanajuato, Iturbide.)
    1383. — 22. Tableaux composés de semences de fleurs, 2.

HERNANDEZ REFUGIO. (Guanajuato, Iturbide.)
    1384. — 23ª. Tableau fait avec la semence de chia.
    1385. — 23ᵇ. Tapis de table de nuit.

LOYOLA-VIRGINIA. (Guanajuato, Iturbide.)
    1386. — 24. Mouchoirs brodés.

MARMOLEJO-MANUELA. (Guanajuato, San Luis de la Paz.)
    1387. 25. Etui tissé de gancho.

MORELOS CRISTINA. (Guanajuato, Iturbide.)
    1388. — 26. Tapis de malla.

MORELOS DE PADRON RAMONA. (Guanajuato, Iturbide.)
    1389. — 27. Taie de coussin.

ORTIZ MARIA. (Guanajuato, San Luis de la Paz.)
    1390. — 28. Fleurs et grappes artificielles.

RAMIREZ CARLOTA. (Guanajuato, San Luis de la Paz.)
    1391. — 29. Mouchoir brodé.

SUAREZ LEONOR. (Guanajuato, San Luis de la Paz.)
    1392. — 30. Tableaux de petites figures de cire.

VILLEGAS JUANA. (Guanajuato, San Luis de la Paz.)
    1393. — 31ª. Ceintures de soie.
    1394. — 31ᵇ. Bourses de laine.

ACAPULCO (Municipalité de).
    1395. — 32. Tableau de coquilles du Pacifique fait par Mlle Geno-
        veva Gonzales. (Guerrero, Tabares).

RODRIGUEZ GUADALUPE. (Guerrero, Chilpancingo.)

~~1396. — 33. Couronne de musgomania avec le portrait à l'huile du~~
~~général Guerrero, par Mlle Mariano Silva.~~

SANTOS ROSA. (Hidalgo, Huichapan.)
1397. — 34. Couverture piqué malla.

ÉTAT DE JALISCO (Gouv. de l').
1398. — 35. Points de dentelles, 69. (Jalisco.)

AGUIAR GUADALUPE ET HIJAR JUANA. (Jalisco, Guadalajara.)
1399. — 36. Petit mouchoir brodé.

BLANCO EMILIA. (Jalisco, Guadalajara.)
1400. — 37. Dessin de cheveux.

BRAVO ROSAURA. (Jalisco, Guadalajara.)
1401. — 38. Tableau de fleurs artificielles.

BRAVO CARMEN ET CHAVEZ GENOVEVA. (Jalisco. Guadalajara.)
1402. — 39. Mouchoir brodé.

CALLEJA SOLEDAD ET RUIZ GUADALUPE. (Jalisco, Guadalajara.)
1403. — 40. Mouchoir brodé.

ASILLAS EUSTOLIA ET ARÁMBULA REFUGIO. (Jalisco, Guadalajara.)
1404. — 41. Mouchoir brodé.

CORONA RAMON. (Jalisco, Guadalajara.)
1405. — 42. Mouchoir brodé.

FLORES GUADALUPE. (Jalisco, Guadalajara.)
1406. — 43. Corbeille avec fleurs de cire.

GONZALES ESPIRIDIONA. (Jalisco, Guadalajara.)
1407. — 44. Coussin avec aquarelle.

MICHEL ANTONIA. (Jalisco, Guadalajara.)
1408. — 45ª. Tableau et couronne de cheveux.
1409. — 45ᵇ. Corne avec fleurs.

MONCAYO MARIA. (Jalisco, Guadalajara.)
1410. — 46. Corbeille avec fleurs de cire.

NAVARRO ET CAÑEDO MARIA. (Jalisco, Guadalajara.)
1411. — 47. Mouchoir brodé de soie.

QUINTERO FELIPA ET ORTIZ MARIA. (Jalisco, Guadalajara.)

1412. — 48. Mouchoir effilé.

REZAS ANTONIA. (Jalisco, Guadalajara.)

1413. — 49ᵃ. Léontina de cheveux.
1414. — 49ᵇ. Voile brodé.

RODRIGUEZ FLORENTINA ET SANCHEZ MARIA. (Jalisco, Guadalajara.)

1415. — 50. Mouchoir frangé et brodé.

RUIZ VELASCO RITA. (Jalisco, Guadalajara.)

1416. — 51. Bracelets en cheveux.

RUIZ MARIA DE JESUS. (Jalisco, Guadalajara.)

1417. — 52. Mouchoir brodé.

TORRES ASTEY ROSARIO. (Jalisco, Guadalajara.)

1418. — 53. Couverture brodée.

SARAVIA LUCIANA. (Jalisco, Guadalajara.)

1419. — 54. Coussin avec aquarelle.

SOLORZANO MARGARITA. (Jalisco, Guadalajara.)

1420. — 55ᵃ. Mouchoir brodé.
1421. — 55ᵇ. Guirlande de cheveux.
1421 bis. — 55ᶜ. Image brodée de soie.
1422. — 55ᵈ. Taie de coussin.
1423. — 55ᵉ. Fleurs de cœur de figuier.

TALANCON MARIA. (Jalisco, Guadalajara.)

1424. — 56. Meuble de nuit avec fleurs artificielles.

VELASCO GUADALUPE. (Jalisco, Guadalajara.)

1425. — 57. Cadre en fleurs artificielles.

VILLASEÑOR BRAULIA R. (Jalisco, Guadalajara.)

1426. — 58. Collier, léontine en cheveux.

GARDUÑO GUMERSINDA (Mlle de). (Mexico, Toluca.)

1427. — 59. Tapis de banquette.

PINEDA CONCEPCION. (Mexico, Toluca.)

1428. — 60. Serviette avec l'hymne national brodé, imprimé.

PINEDA JULIA. (Mexico, Toluca.)

1429. — 61ᵃ. Corbeille ornée de petits morceaux de bois.
1430. — 61ᵇ. Mosaïques, popote, 2.

SOLALINDE DE ALCOCER FELIPA. (Mexico, Toluca.)

1431. — 62. Cadres avec travaux en cheveux, 2.

ÉTAT DE MICHOACÁN (Gouv. de l').

1432. — 63ª. Tapis pour table de nuit, fait par Mlle Petra Romero. (Cotija.)

1433. — 63ᵇ. Mouchoir brodé par Mlle Jesus Ortiz. (Idem.)

1434. — 63ᶜ. Mouchoir brodé par Mlle Jesus Ortiz. (Idem.)

JAUREGUI-BRAULIO. (Michoacán, Morelia.)

1435. — 64. Tableau en plumes représentant le lac de Patzcuaro.

ÇORTÈS DOLORÈS. (Nuevo Leon, Monterey.)

1436. — 65. Serviette.

GONZALÈS GARZA MARIA. (Nuevo Leon, Monterey.)

1437. — 66. Mouchoir brodé, imprimé.

GONZALÈS NORBERTA. (Nuevo Leon, Monterey.)

1438. — 67. Mouchoir frangé, soie et lin.

MARTINEZ CARLOTA. (Nuevo Leon, Monterey.)

1439. — 68. Mouchoir frangé, « frivolité ».

MARTINEZ JOSEFA. (Nuevo Leon, Monterey.)

1440. — 69. Serviette frangée.

PARTIDA ESCÓLASTICA. (Nuevo Leon, Monterey.)

1441. — 70. Mouchoirs frangés, « illusion », 2.

RODRIGUEZ CELIA. (Nuevo Leon, Monterey.).

1442. — 71ª. Mouchoirs frangés, 2.

1443. — 71ᵇ. Coussin frangé.

RODRIGUEZ (LUZ R. de). (Nuevo Leon, Monterey.)

1444. — 72. Mouchoir brodé.

VALDEZ CONCEPCIÓN. (Nuevo Leon, Monterey.)

1445. — 73. Mouchoirs brodés, 4.

ETAT DE PUEBLA (Gouv. de l').

1446. — 74ª. Manches de chemises. (Puebla.)

1447. — 74ᵇ. Manteau tissé par un prisonnier de la prison de Zacatlán. (Idem.)

DOMINGUEZ SOFIA. (Puebla, Tetela de Ocampo.)

1448. — 75. Divers travaux à la main, 14.

DOREMBERG JOSE. (Puebla.)

1449. — 76. Ornements anciens.

NIETO JOAQUIN. (Puebla.)

1450. — 77ª. Galon en or, 4 échantillons.
1451. — 77ᵇ. Galon en argent, 3 échantillons.
1452. — 77ᶜ. Passementeries, 3 échantillons.

PASQUEL MARIANO. (Puebla.)

1453. — 78. Ornements anciens.

FRAGORRI ATALA. (Queretaro.)

1454. — 79. Caisse de papier canevas avec deux balais.

TERRAZAS (MODESTA T. de). (Queretaro.)

1455. — 80. Couvertures, piqué de soie, 2.

ÉTAT DE SAN LUIS POTOSI (Gouv. de l').

1456. — 81ª. Coussin brodé de soie. (San Luis Potosi.
1457. — 81ᵇ. Mouchoir brodé de soie. (Idem.

AVILA ISABEL. (San Luis Potosi.)

1458. — 82. Mouchoirs brodés, 2.

CAMPOS TRINIDAD. (San Luis Potosi.)

1459. — 83. Mouchoirs brodés, 2.

LACHICA ANGELE ET MARTINEZ CARDENAS FREDERICA. (San Luis Potosi.)

1460. — 84. Couverture, piqué, brodée.

RODRIGUEZ REFUGIO. (San Luis Potosi.)

1461. — 85. Mouchoir brodé soie.

BLANCARTE INES. (Sinaloa-Culiacán.)

1462. — 86. Mouchoirs brodés soie, 6.

ÉTAT DE TAMAULIPAS (Gouv. de l').

1463. — 87ª. Léontines en cheveux, 2, faites à la prison de Ciudad Victoria.
1464. — 87ᵇ. Étui brodé fil d'argent.
1465. — 87ᶜ. Porte-carte, brodé.
1466. — 87ᵈ. Coussin de velours brodé soie.
1467. — 87ᵉ. Porte-lettres de velours brodés soies de couleur, 3. (District Nord, Ciudad Mier.)

1468. — 87'. Couvertures piqué, formées de diverses toiles de couleur, 5. (District Nord, Ciudad Mier.)

1469. — 87⁶. Couverture piqué, brodée soie. (Idem.)

BADILLO AMADA. (Tamaulipas-Tampico.)

1470. — 88. Mouchoir brodé.

BARRERA RAFAELA. (Tamaulipas Mier.)

1471. — 89. Bordure sur toile commune.

CASTRO CELESTINA. Tamaulipas, Tampico.)

1472. — 90. Mouchoir tressé.

CASTILLO JOSEFA. (Tamaulipas, Tampico.)

1473. — 91ᵃ. Serviette tissée au crochet.
1474. — 91ᵇ. Cols tissés au crochet.

CEDILLO EULALIA. (Tamaulipas, Tampico.)

1475. — 92. Étui de soie.

CHAPA RAMONA. (Tamaulipas, Mier.)

1476. — 93. Broderie sur toile commune.

DORING VENANCIA. (Tamaulipas, Tampico.)

1477. — 94. Mouchoir frangé et tressé.

HERNANDEZ NATALIA. (Tamaulipas, Tampico.)

1478. — 95. Mouchoir frangé et tissé.

GARCIA JOVITA. (Tamaulipas, Mier.)

1479. — 96. Broderie sur toile commune.

GOMEZ AMALIA. (Tamaulipas, Mier.)

1480. — 97. Broderie à plat.

GOMEZ EUGENIA. (Tamaulipas, Mier.)

1481. — 98. Broderie sur toile commune.

GONZALES MARIA. (Tamaulipas, Mier.)

1482. — 99. Broderie à plat.

GUERRA NIEVES. (Tamaulipas, Mier.)

1483. — 100. Broderie sur toile commune.

HINOJOSA BAUDILLA. (Tamaulipas, Mier.)

1484. — 101. Broderie sur toile commune.

LARA GUADALUPE. (Tamaulipas, Mier.)

1485. — 102. Serviette tissée au crochet.

LEON FLORENTINA. (Tamaulipas, Mier.)

1486. — 103. Serviette tissée au crochet.

LOPEZ CARMEN. Tamaulipas, Mier.)

1487. — 104. Taie d'oreiller tissée.

NARVAEZ EULALIA. (Tamaulipas, Mier.)

1488. — 105. Serviette tissée au crochet.

NIÑO MARIA DE JESUS. (Tamaulipas, Mier.)

1489. — 106. Serviette tissée au crochet.

ORTIZ RITA. (Tamaulipas, Mier.)

1490. — 107. Mouchoir brodé.

PEREZ DESIDERIA. (Tamaulipas, Mier.)

1491. — 108. Chemise frangée et tressée.

SALINAS (Mlles). (Tamaulipas-Camargo.)

1492. — 109. Couverture piqué, soies de couleurs.

URIBE HERLINDA. (Tamaulipas, Mier.)

1493. — 110. Brodé sur toile commune.

VASQUEZ LUCIA. (Tamaulipas, Tula.)

1494. — 111. Serviette tissée au crochet.

DIAZ CASAS ROSA ET LUISA. (Veracruz, Jalapa.)

1495. — 112^a. Serviette frangée avec applications.
1496. — 112^b. Petit tapis fait de pièces de genre.

DIAZ GUADALUPE. (Veracruz, Jalapa.)

1497. — 113. Mouchoir frangé.

SERVIN (Mlles). (Veracruz, Coatepec.)

1498. — 114. Taies au crochet pour oreillers, 2.

ARJONA DE ANCONA GUADALUPE. (Yucatan, Merida.)

1499. — 115. Rameau de fleurs, bois.

AXLE DE AGUAYO CRISTINA. (Yucatan, Sotuta.)

1500. — 116. Taie d'oreiller.

PEREIRA TRINIDAD. (Yucatan, Sotula.)

1501. — 117ª. Mouchoir brodé.

1502. — 117ᵇ. Serviette « frivolité ».

ETAT DE ZACATERAS (Gouv. de l'.

1503. — 118ª. Divers travaux à la main, 14, faits à l'école de Guadalupe. (Zacateras.)

1504. — 118ᵇ. Manteau tissé au crochet (Mlle Refugio Jimenez .
(Jalapa.)

1505. — 118ᶜ. Couverture piqué au crochet (Mlle Refugio Jimenez). (Idem.

ALMARAZ MELESIA. (Zacateras.)

1506. — 119ª. Coussinet brodé.

1507. — 119ᵇ. Mouchoir brodé.

1508. — 119ᶜ. Serviette frangée avec dentelles.

CASTAÑEDA ANTONIA. (Zacateras.)

1509. — 120. Coussin de divan.

CERVANTES MARIA. (Zacateras.)

1510. — 121. Coussin de soie brodé.

GALLINAR DOROTEA. (Zacateras.)

1511. — 122. Manteau frangé pour autel.

JIMENEZ REFUGIO. (Zacatecas, Talpan.)

1512. — 123. Toile de malla pour table.

MOLINA JUANA. (Zacateras.)

1513. — 124ª. Coussin de velours brodé.

1514. — 125ᵇ. Mouchoir brodé.

CLASSE 35

Articles de bonneterie et de lingerie. — Objets et accessoires de vêtement.

DISTRICT FÉDÉRAL (Comité du).

1515. — 1. Cannes, 6.

CARBALLEDA ET FOUGERAT. (Mexico.)

1516. — 2ª. Chemisettes coton, 20.

1517. — 2ᵇ. Gilets de chanvre, 3.

1518. — 2^c. Caleçons, 3.
1519. — 2^d. Bas, 15 paires.
1520. — 2^e. Chaussettes, 10 paires.

AGUIAR JULIA. (Jalisco, Guadalajara.)

1521. — 3. Bas laine, 12 paires.

GARCIA ZENON. (Jalisco, Guadalajara.)

1522. — 4. Canne en corne.

PAEZ LUZ (M. de). (Jalisco, Guadalajara.)

1523. — 5. Chemises d'homme, 6.

ÉTAT DE MICHOACÁN (Gouv. de l').

1524. — 6. Canne bois taillé. (Morelia.)

ÉTAT DE PUEBLA. (Gouv. de l').

1525. — 7. Bas (96 paires), chaussettes, 36 paires, de couleurs, 24
paires. (Hospice de l'État.)

TRUJILLO MERCEDES. (Nuevo Leon, Monterey.)

1526. — 8. Petite corbeille d'enfant.

LOO WAY. (Sinaloa-Mazatlán.)

1527. — 9. Diverses pièces de linge personnel, 5.

ÉTAT DE TABASCO (Gouv. de l').

1528. — 10. Bâtons et cannes, bois divers, 35. (Tabasco-Balancán.)

CAMARA NATIVIDAD. (Tabasco, Balancán)

1529. — 11. Canne de jovillo faite par Tiburcio Jimenez.

RIVAS ISIDORO. (Tabasco, San Juan Bautista.)

1530. — 12. Cannes, 2.

ÉTAT DE TLAXCALA (Gouv. de l').

1531. — 13. Cannes ordinaires, 6. (Tlaxcala.)

CLASSE 36
Habillement des deux sexes.

ÉTAT DE AGUASCALIENTES (Gouv. de l').

1532. — 1^a. Chapeaux palmier et paille, 18. (Aguascalientes.)

1533. — 1ᵇ. Jaquettes, 3, pantalons en peau de chamois. (Aguascalientes.)

1534. — 1ᶜ. Sarapes, 8 (sorte de manteau). (Idem.)

CHAVEZ FELIPE R. (Aguascalientes.)

1535. — 2. Chaussures de genisse, chamois et chèvre, 9 pièces.

PARRA FÉLIPE. (Aguascalientes.)

1536. — 3. Chapeaux de feutre, 2, jarano, poil de lapin.

ÉTAT DE CAMPÊCHE (Gouv. de l').

1537. — 4. Chapeaux de jipijapa et de guano, 18.

ÉTAT DE COAHUILA (Gouv. de l').

1538. — 5ª. Fleurs artificielles, 8, pour coiffure. (Mlle Juana A. Va-
lerio. Saltillo.)

1539. — 5ᵇ. Chaussures en vachette, 2. bottines. 2, faites au pénitentiaire de l'État. (Idem.)

1540. — 5ᶜ. Sarape. (Idem.)

VALDEZ PORFIRIO. (Coahuila, Saltillo.)

1541. — 6. Bottines vernies, 3.

ÉTAT DE CHIAPAS (Gouv. de l').

1542. — 7ª. Chapeaux de palmier. (Comitán.)

1543. — 7ᵇ. Vêtements propres aux indigènes de Comitán, chamulas,
district du centre et de San Pedro Chenalo, 20.

1544. — 7ᶜ. Mannequins représentant indigènes de Chamulas,
Occhirez et Huistanes, 6. Les sculptures de bois ont
été faites par l'indigène Jose Domingo Santiago de
San Cristobal Las Casas.

DISTRICT FÉDÉRAL (Comité du).

1545. — 8ª. Mannequins représentant les pompiers et les gendarmes
de la ville de Mexico, 2. Les sculptures de bois ont
été faites par M. Jose Maria Centurion de Puebla.

1546. — 8ᵇ. Uniformes d'officiers et gardes ruraux, 2.

1547. — 8ᶜ. Chaussures fines pour dames et hommes, 6 paires.
Fabricant : Dominguez Hermanos. (Mexico.)

1548. — 8ᵈ. Chaussures fines pour dames et hommes. Gonzales,
fabricant. (Idem.)

1549. — 8ᵉ. Fleurs pour coiffure, 12 rameaux. (Idem.)

1550. — 8ᶠ. Voiles, 28. (Idem.)

1551. — 8ᵍ. Sarapes, 16. (Idem.)

1552. — 8ʰ. Ponchos, 2. (Idem.)

AGUILAR MARIANO. (Mexico.)

1553. — 9. Bottes de campagne.

DAVALOS ET Cie JESUS L. (Mexico.)

1554. — 10. Chapeaux de feutre, 7.

DIAZ PORFIRIO. (Mexico.)

1555. — 11. Huipiles, avec application de soie, 2. Vêtements propres aux indigènes de Jalapa de Diaz. (Tehuantepec, Oaxaca.)

MARQUEZ MODESTO. (Mexico.)

1556. — 12. Chapeaux járanos, 24, fantaisie, 4.

PIMENTEL FRANCISCO. (Mexico.)

1557. — 13. Bottes jointes sans coutures ni clous.

REYNAULD ET SALLES. (Mexico.)

1558. — 14. Chaussures de divers genres, 33 paires.

FOMENTO (Secrétariat du).

1559. — 15. Mannequins habillés représentant des types populaires, 10. Les sculptures de bois ont été faites par MM. Joaquin Calvo de Mexico, Diégo Almaroz et Guillen de Queretaro, Pedro Centurion de Puebla et Francisco Zárate de Guanajuato (Mexique).

TALAVERA ESTEBAN. (Mexico.)

1560. — 16. Chapeaux de paille et de palmier, 229.
1561. — 16ª. Cacles de cuir, 2 paires.

ETAT DE DURANGO (Gouv. de l').

1562. — 17. Sarapes, 6. (Durango.)

CERVANTES DONACIANO. (Durango.)

1563. — 18. Chapeaux de feutre, 20.

HERNANDEZ TOMÁS. (Durango.)

1564. — 19. Souliers, 6 paires.

NATERA EUGENIO. (Durango.)

1565. — 20. Costume de paysan (jaquette, gilet et pantalon de drap boutonnière argent. Fabricant, Benito Moreno.
1566. — 20ª. Sarape de chanvre, ornements d'argent.

OLAGARAY JUAN B. (Durango.)

1567. — 21. Souliers, 8 paires.

SIMBECK RAMÓN. (Durango.)

1568. — 22. Chapeaux de divers genres, 29.

ÉTAT DE GUANAJUATO (Gouv. de l').

1569. — 23. Vêtement de Chamois, par M. Dávila. (Léon.)
1570. — 23ª. Bottines, 2 paires. (Idem.)
1571. — 23ᵇ. Voiles. (Idem.)

ESPARZA TIBURCIO. (Guanajuato, San Miguel, Allende.)

1572. — 24. Sarapes.

FRIAS ANTONIA. (Guanajuato, San Luis de la Paz.)

1573. — 25. Chapeau de maguey.

FRIAS FELICITAS. (Guanajuato, San Luis de laPaz.)

1574. — 26. Chapeaux au crochet pour dames.

RAMIREZ EMETERIO. (Guanajuato.)

1575. — 27. Voile.

ÉTAT DE GUERRERO (Gouv. de l').

1576. — 28. Chapeaux palmier, 8.
1577. — 28ª. Pièces diverses de vêtements d'indigènes de l'Etat, 6.
1578. — 28ᵇ. Souliers ordinaires, 5 paires.

CERVANTES JESUS. (Guerrero, Aldama.)

1579. — 29. Souliers.

ÉTAT DE JALISCO (Gouv. de l').

1580. — 30. Chapeaux de palmier faits au pénitentiaire de l'Etat, 6.
1581. — 30ª. Sarapes fins, 6, ordinaires, 6, faits au pénitentiaire de l'État.

DURAN CRUZ. (Jalisco, Guadalajara.)

1582. — 31. Voiles, 6.

GOMEZ PEDRO. (Jalisco, Guadalajara.)

1583. — 32. Voiles, 13.

GUTIERREZ IGNACIO. (Jalisco, Guadalajara.)

1584. — 33. Voiles, 11.

MATUTE JUAN J. (Jalisco, Guadalajara.)

1585. — 34. Guaraches.

JASPEADO RUPERTO (Mexico, État de Texcoco.)

1586. — 35. Voiles, 2.

LOPEZ RAFAELA. (Mexico, Toluca.)

1587. — 36. Fleurs pour coiffure.

PINEDA CONCEPCION. (Mexico-Toluca.)

1588. — 37. Fleurs pour coiffure.

ETAT DE MICHOACAN (Gouv. de l').

1589. — 38. Chapeaux de palmier. Chapeaux fins en poil, 2. (Jiquilpam.)

1590. — 38ᵃ. Souliers, 17 paires. (Idem.)

1591. — 38ᵇ. Pièces de vêtements des indigènes de l'État. (Idem)

1592. — 38ᶜ. Fleurs pour coiffure, 7 branches. (Idem.)

1593. — 38ᵈ. Sarapes, 4. (Idem.)

1594. — 38ᵉ. Voiles, 13. (Idem.)

1595. — 38ᶠ. Voiles faits par Francisca Araiza. (Idem.)

ETAT DE MORELOS (Gouv. de l').

1596. — 39. Chapeaux de palmier. (Tetelcingo.)

1597. — 39ᵃ. Pièces de vêtements des indigènes de l'État, 13. (Idem.)

ETAT DE OAXACA (Gouv. de l').

1598. — 40. Pièces de vêtements des indigènes de l'État, 35. (Idem.)

1599. — 40ᵃ. Vêtements complets des indigènes de l'État, 27. (Idem.)

1600. — 40ᵇ. Vêtements en peau de chamois, 2. (Huajuapam.)

1601. — 40ᶜ. Chapeaux de palmier, 24. (Idem.)

1602. — 40ᵈ. Sarapes. Couverture laine. (Tlacolula.)

ETAT DE PUEBLA (Gouv. de l').

1603. — 41. Chapeaux de palmier, 45. (Puebla.)

1604. — 41ᵃ. Chapeaux de feutre brodés, par Emilio Mena. (Idem.)

1605. — 41ᵇ. Chapeaux de feutre brodés, par Margarito Carcaño. (Idem.)

1606. — 41ᶜ. Pièces de vêtements des indigènes de l'Etat, 35. (Idem.)

1607. — 41ᵈ. Vêtements complets d'indigènes de l'État, 4. (Idem.)

1608. — 41ᵉ. Vêtements brodés, cuir, faits par Jose-Maria Lara. (Idem.)

1609. — 41ᶠ. Souliers, 2 paires, et une paire guaraches. (Idem.)

1610. — 41ᵍ. Sarapes, 2. (Idem.)

1611. — 41ʰ. Voiles, 5. (Idem.)

1612. — 41ⁱ. Voile de coton. Fabrique de M. Antonio Villegas. (Idem.)

1613. — 41ʲ. Voile de coton. Francisco Cervano. (Tepeaca.)

1614. — 41ᵏ. Manche de hule. (Zacapoaxtla.)

CARCAÑO MARGARITO. (Puebla.)

1615. — 42. Chapeaux, 7.

GOMEZ NICOLÁS. (Puebla.)

1616. — 43. Chaussures diverses, 44 paires.

LETONA ET Cie. (Puebla.)

1617. — 44. Poncho et sarape.

LLACURI FRÈRES. (Puebla.)

1618. — 45. Sarapes, 5.

PAVON MIGUEL. (Puebla.)

1619. — 46. Sarape fin.

TORRES IGNACIO (Puebla.)

1620. — 47. Chapeaux.

ÉTAT DE QUERÉTARO (Gouv. de l').

1621. — 48. Pièces d'habillements des indigènes de Toliman, 6.
(San-Juan-del-Rio.)

1622. — 48ª. Chapeaux de palmier, 2. (Idem.)

MACIEL DIONISIO. (Querétaro.)

1623. — 49. Voiles.

ÉTAT DE SAN LUIS POTOSI (Gouv. de l').

1624. 50. Chapeaux de paille, 2. (Rio Verde.)

1625. — 50ª. Pièces d'habillements des indigènes du district de
Valles, 2. (Santa Maria del Rio.)

1626. — 50ᵇ. Jaquette, pantalon et chopes de cuir. (Idem.)

1627. — 50ᶜ. Souliers, 8 paires. (Idem.)

1628. — 50ᵈ. Voiles, 4. Hipolita Padilla. (Idem.)

1629. — 50ᵉ. Voiles, 5. (San Luis Potosi.)

1630. — 50ᶠ. Sarape. (Idem.)

MURIEDAS FRÈRES. (San Luis Potosi.)

1631. — 51. Tellines, 3. Hacienda de Gogorron.

ORTA INCARNACION. (San Luis Potosi.)

1632. — 52. Chapeaux de paille, 8.

ÉTAT DE SINALOA (Gouv. de l').

1633. — 53. Ceintures, 2. (District del Fuerte.)

ÉTAT DE TABASCO. (Gouv. de l').

1634. — 54. Chapeaux de guano faits par Mercédès Bautista, 2.
(Atasla.)

ÉTAT DE TAMAULIPAS (Gouv. de l').

1635. — 55. Chapeaux de palmier faits à la prison de Ciudad
Victoria, 4.

TLAXCALA (Gouv. de l').

1636. — 56. Tissus de laine, fabriqués par Ponciano Zarate, 4. (Santa Anna, Chiautempan.)

1637. — 56ª. Toiles communes fabriquées par Sébastian Barragan, 6.

GONZALÈS ENRIQUE. (Tlaxcala, Santa Anna, Chiautempan.)

1638. — 57. Sarape fin.

LUNA MIGUEL. (Tlaxcala, Santa Anna, Chiautempan.)

1639. — 58. Sarape fin.

TÉPIC (Préfecture de).

1640. — 59. Chapeaux de palmier galon argent. (Tuxpan.)

ÉTAT DE VERACRUZ (Gouv. de l').

1641. — 60. Chapeaux de palmier, 4. (Tuxpan.)

ÉTAT DE YUCATAN (Gouv. de l').

1642. — 61. Chapeaux de jipijapa, 10. (Valladolid.)
1643. — 61ª. Bonnets de femmes, blancs, 2. (Idem.)
1644. — 61ᵇ. Vêtements de métis, 2, d'indigènes de l'État. (Idem.)
1645. — 61ᶜ. Chemise brodée, vêtement populaire. (Idem.)
1646. — 61ᵈ. Espadrilles, 3 paires. (Idem.)

CHAN JOSÉ SANTOS. (Yucatan Motul.)

1647. — 62. Chapeaux de guano.

MANZANARES TOMAS. (Yucatan Sotuta.)

1648. — 63. Espadrilles.

ÉTAT DE ZACATECAS (Gouv. de l').

1649. — 64. Souliers, 3 paires, faites par Tranquilino Chavez de Ojo Caliente, 8 paires faites à l'établissement pénitentiaire et à l'hospice des enfants de l'État. (Villa Garcia.)
1650. — 64ª. Chapeaux de palmiers, 2, faits au pénitentiaire de l'État. (Idem.)
1651. — 64ᵇ. Sarapes, 3, faits par Emeterio Salas. (Idem.)
1652. — 64ᶜ.   id.   2,   id.   Antonio Guzman. (Idem.)
1653. — 64ᵈ.   id.   id.   Francisco Badillo. (Idem.)
1654. — 64ᵉ.   id.   id.   Antonio Palacios. (Idem.)
1655. — 64ᶠ.   id.   4,   id.   Refugio Palomo. (Idem.)
1656. — 64ᵍ.   id.   id.   Anastasio Torres. (Idem.)
1657. — 64ʰ.   id.   id.   Trinidad Herrero. (Ojo-Caliente.)
1658. — 64ⁱ.   id.   3,   id.   Praxédio Espino. (Villanueva.)
1659. — 64ʲ. Tellines, 2, et sarapes, 7, fabriqués à l'hospice des Enfants. (Idem.)

DOMINGUEZ JOSÉ MARIA. (Zacatecas.)

1660. — 65. Souliers, 2 paires.

MARTINEZ TOMAS. (Zacatecas San Miguel del Mezquital.)

1661. — 66. Sarape fin.

SEPULVEDA LUCAS (Zacatecas-Jalpa.)

1662. — 67. Galoches vernies.

CLASSE 37
Joaillerie et bijouterie.

ROCHA URIZAR PEDRO. (Nuevo Léon, Monterey.)

1663. — 1. Travaux or et argent, 20 objets.

GONZALES COSIO JOSÉ. (Querétaro.)

1664. — 2. Collection d'opales travaillées.

CLASSE 38
Armes portatives. — Chasse.

ÉTAT DE CHIAPAS (Gouv. de l').

1665. — 1. Lacet de pita ordinaire. (Tuxtla-Gutierrez.)

DIAZ PORFIRIO. (Ejutla, Oaxaca. District fédéral, Mexico.)

1666. — 2. Épée, faite par Hermenegildo Aragon et frères.

ÉTAT DE GUERRERO (Gouv. de l').

1667. — 3. Machete (grand couteau). (Tlapa.)

ÉTAT DE JALISCO (Gouv. de l').

1668. — 4. Corde à enlacer. (Guadalajara.)

GALLARDO CARLOS, M. (Jalisco-Ahualulco.)

1669. — 5. Dague manche ivoire.

ÉTAT DE MICHOACAN (Gouv. de l').

1670. — 6. Lacet pita commune. (Maravatio.)

1671. — 6ª. Cordages, frondes ixtle, 2. (Maravatio.)
1672. — 6ᵇ. Épée, faite par P. Valdespino. (Senguio.)
1673. — 6ᶜ. Lames d'épée faites par Macédonio Tellez. (Irimbo.)

BALLESTEROS FRANCISCO. (Michoacan-Cuitzeo-del-Porvenir.)

1674. — 7. Lacet, pita commune.

ÉTAT DE MORELOS (Gouv. de l').

1675. — 8. Frondes, cordes en ixtle, 3. (Huitzchilac.)

SAAVEDRA PATROCINIO. (Nuevo Leon, Monterey.)

1676. — 9. Cartouches métalliques, 62.

ÉTAT DE OAXACA (Gouv. de l').

1677. — 10. Lacets en ixtle, 4. (Zacatlan.)

ÉTAT DE PUEBLA (Gouv. de l').

1678. — 11. Poignée d'épée. (Zacatlan.)

ÉTAT DE QUERÉTARO (Gouv. de l').

1679. — 12. Lacets, pita commune, 7. (San Juan del Rio.)

ÉTAT DE SAN LUIS POTOSI (Gouv. de l').

1680. — 13. Corde pour enlacer. (District del Fuerte.)

ÉTAT DE SINALOA (Gouv. de l').

1681. — 14. Corde en cuir pour enlacer. (Idem.)

TEPIC (Préfecture politique de).

1682. — 15. Corde en crin pour enlacer.

ÉTAT DE YUCATAN (Gouv. de l').

1683. — 16. Fronde de henéquen. (Mérida.)
1684. — 17. Moo Jacinto, havre-sac de henéquen. (Yucatan-Sotuta.)

CLASSE 39
Objets de voyage et de campement, Hamacs, Cordes.

ÉTAT DE COAHUILA (Gouv. de l').

1685. — 1. Sabucanes de coton, sacs à provisions, 2. Établissement pénitentiaire de l'État. (Saltillo.)
1686. — 1ª. Valise. Établissement pénitentiaire de l'État. (Idem.)
1687. — 1ᵇ. Corde ixtle et cuir. Établissement pénitentiaire. (Idem.)

1688. — 1ᶜ. Petits sacs de fil et en ixtle, 4. (Établissement pénitentiaire de l'État. (Saltillo.)

1689. — 1ᵈ. Amphores doublées, 2. Établissement pétitentiaire. (Idem.)

1690. — 1ᵉ. Couchette de campagne. (Idem.) (Idem.)

ÉTAT DE CHIAPAS (Gouv. de l').

1691. — 2. Besace à provisions de pita, 4. (Soconusco.)

1692. — 2ᵃ. Hamac de pita. (Idem.)

TALAVERA ESTEBAN. (District fédéral, Mexico.)

1693. — 3. Sacs en ixtle.

ÉTAT DE DURANGO (Gouv. de l').

1694. — 4. Corde. (San Juan de Guadalupe.)

OLAGARAY JUAN B. (Durango.)

1695. — 5. Valises, 3.

ÉTAT DE GUANAJUATO (Gouv. de l').

1696. — 6. Valise doublée cuir.

HUERTA ANTONIO. (Guanajuato, San Luis de la Paz.)

1697. — 7. Besace de pita, 2.

ÉTAT DE GUERRERO (Gouv. de l').

1698. — 8. Hamac en cuir.

ÉTAT DE HIDALGO. (Gouv. de l').

1699. — 9 Sacs de coton, 2. (Ixmiquilpam.)

ÉTAT DE MEXICO (Gouv. de l').

1700. — 10. Sac de pita. (Toluca.)

ÉTAT DE MICHOACAN (Gouv. de l').

1701. — 11. Sacs de pita, 2. (Zamora.)

1702. — 11ᵃ. — Porte-monnaie de pita, 4. Bourses en ixtle, 2 et un sac. (Maravatio.

ÉTAT DE OAXACA (Gouv. de l').

1703. — 12. Hamacs divers, 7. (Villa Alta.)

1704. — 12ᵃ. Filets à provisions, 3, et un « mécapal ».

1705. — 12ᵇ. Filet en ixtle. (Villa Alta.)

ÉTAT DE PUEBLA (Gouv. de l').

1706. — 13. Sac à provisions. (Zacopoaxtla.)

ÉTAT DE TABASCO (Gouv. de l').

> 1707. — 14. Sacs à provisions. (San-Juan-Bautista.)
> 1708. — 14ᵃ. Cornes pour liquides, 2. (Idem.)

ÉTAT DE YUCATAN (Gouv. de l').

> 1709. — 15. Sars à provisions (sabucanes), 6, fins et de couleur
> Mlle Petrona Freti. (Motul).
> 1710. — 15ᵃ. Sacs à provisions de couleurs diverses, 9, faits par
> Santiago Poot. (Tixkokob.)
> 1711. — 15ᵇ. Sacs de henequén brodés. (Idem,)
> 1712 — 15ᶜ. Hamacs de henequén. Medina Jose. (Tixkokob.)
> 1713. — 15ᵈ. Hamacs de henequén extra-fins. Fernando Uc.
> (Iaxkukul.)
> 1714. — 15ᵉ. Idem de chanvre. Petronilla Burgos. (Tixkokob.)
> 1715. — 15ᶠ. Idem extra-fin. Maximo Duran. (Iaxkukul.)
> 1716. — 15ᵍ. Idem tissé au crochet, par Rafaela Rosas. (Conkal.)
> 1717. — 15ʰ. Bras de hamac, 2, Ceronimo Atié. (Iaxkukul.)
> 1718. — 15ⁱ. Hamacs ordinaires, 2. (Tixkokob.)
> 1719. — 15ʲ. Ceinture ou porte-monnaie. (Merida.)
> 1720. — 15ᵏ. Chuyubes ou porte-manger et deux jabucos (sacs à
> provisions. (Mérida.)
> 1721. — 15ˡ. Hamac fin en chanvre. (Tixkokob.)

CLASSE 40
Bimbeloterie.

DISTRICT FÉDÉRAL (Comité du).

> 1722. — 1. Marionnettes de chiffons, 17. (Mexico.)
> 1723. — 1ᵃ. Idem en cire, 19. (Idem.)
> 1724. — 1ᵇ. Petites corbeilles de palmier, 12. (Idem.)
> 1725. — 1ᶜ. Petits instruments de musique, bois et coquilles, 4.
> (Idem.)

HERRERA ANGELA, CRISTINA ET LUCIA. (Mexico, district fédéral.)

> 1726. — 2. Figures en cire, 300.

ROSADA FRANCISCA TRINIDAD. (Mexico, district fédéral.)

> 1727. — 3. Jouets de corozo.

FOMENTO (Secrétariat du).

> 1728. — 4. Statuettes de terre cuite, A. Ruiz Velasco. (Jalisco,
> Guadalajara.)

ÉTAT DE DURANGO (Gouv. de l').

1729. — 5. Fruits en cire.

JUAREZ LEONOR. (Guanajuato, San Luis de la Paz.)

1730. — 6. Poupées de clucle, 4.

ÉTAT DE GUERRERO (Gouv. de l').

1731. — 7. Coffret fantaisie. (Morelos, Olinala.)

ÉTAT DE HIDALGO. (Gouv. de l').

1732. — 8. Petits instruments de musique, 5, buis et coquillages. (Ixmiquilpan.)

ÉTAT DE JALISCO. (Gouv. de l').

1733. — 9 Statuettes peintes, terre cuite, 2. Miguel Zuñiga. (Guadalajara.)

1734. — 9ª. Groupe de petites figures de terre cuite. Pedro Zuñiga (Idem.)

1735. — 9ᵇ. Figures terre cuite, 2. Timotéo-Panduro. (Guadalajara, San Pedro).

1736. — 9ᶜ. Jouets ordinaires, terre cuite, 1174. (Idem.)

GUTIERREZ ANTONIO. (Jalisco, Guadalajara.)

1737. — 10 Statuettes terre cuite, 19.

JIMENEZ HERACLIO. (Jalisco, Lagos.)

1738. — 11. Groupe en bois.

ÉTAT DE MICHOACAN (Gouv. de l').

1739. — 12. Charolitas, bois, 5. (Uruapan.)
1740. — 12ª. Jouets de plumes, 28. (Morelia.)

FRANCO JESUS. (Morelia.)

1741. — 13. Jouets en cire et plume, 12.

TRUJILLO MARTINA (Nuevo Léon, Monterey.)

1742. — 14. Jouets en fer-blanc, 21. Une table avec petites figures en fer-blanc.

ÉTAT DE PUEBLA (Gouv. de l').

1743. — 15. Statuettes peintes, terre cuite, 50. José Suarez Peredo. (Puebla.)
1744. — 15ª. Jouets de chiffons, 12. (Idem).
1745. — 15ᵇ. Idem en fer, 12. (Idem.)
1746. — 15ᶜ. Idem en bois, 4. (Idem.)

7

ÉTAT DE QUÉRÉTARO. (Gouv. de l')

1747. — 16. Jouets de carton, 27. (Pedro Sanchez.)
1748. — 16ª. Jouets terre cuite, 5.

ÉTAT DE SAN LUIS POTOSI (Gouv. de l').

1749. — 17. Voiture fer-blanc.
1750. — 17ª. — Petits paniers de crin, 50.

ÉTAT DE ZACATECAS (Gouv. de l').

1751. — 18. Groupe de figures en cire.
1752. — 18ª Fruits en cire.

————————

Nota. — *Après la classification faite par les Jurys,
les objets suivants sont arrivés :*

CLASSE 30

LUIS GARCIA TERUEL. (Tlaxcala, Apizaco.)
Étoffes de coton, 40 pièces.

CLASSE 36

PONCIANO PEREZ. (Léon, Guanajuato.)
Châles et ceintures en soie.

CLASSE 37

MARSHALL JUAN L. (Sinaloa, Mazatlan.)
Boutons pour manchettes, 4 paires.

CLASSE 38

AYALA CATARINO. (Sinaloa, Mazatlan.)
Poignards.
Couteaux à cocques, 2 douzaines.

GROUPE V

INDUSTRIES EXTRACTIVES, PRODUITS BRUTS ET OUVRÉS

CLASSE 41
Produits de l'exploitation des usines et de la métallurgie.

AGUASCALIENTES (Gouv. de).

    1753. — 1. Minerais cuivre, 34 échant. (Asientos.)
    1754. — 1ᵃ. Pierre apyre. (Idem.)
    1755. — 1ᵇ. Meulière soufrée. (Idem.)
    1756. — 1ᶜ. Ardoise. (Idem.)

« DEL BOLEO » (Compagnie de).

    1757. — 2. Minerais cuivre, 122 échant. (Mulegé, Basse-Californie.)
    1758. — 2ᵃ. Marbre, 2 échant. (Mulegé).
    1759. — 2ᵇ. Litomarga. (Idem.)

VICENTE GOROZAVE.

    1760. — 3. Minerais or et cuivre, 26 échant. (Mulegé.)

COAHIULA (Gouv. de).

    1761. — 4. Minerais cuivre, argent et plomb, 90 échant. (Arizpe, Monclova, Cuatro Siénegas, Sierra Mojada.)
    1762. — 4ᵃ. Charbon minéral. (San Felipe el Hondo.)
    1763. — 4ᵇ. Marbres. (Arteaga, Ramos, Arizpe.)

ALAMO DE COAHUILA (Compagnie del).

    1764. — 5. Charbon de pierre. (San Felipe el Hondo.)

SALOMON DE LA GARZA.

    1765. — 6. Galène, 3 échant. (Villa de Muzquiz.)
    1766. — 6ᵃ. Cerargirita, 1 échant. (Villa de Muzquiz.)

COLIMA (Gouv. de).

    1767. — 7. Minerais argent et plomb. (Villa Alvarez, Conalá, Tlancán, Colima.)
    1768. — 7ᵃ. Roches de construction, 40 échant. (Comotlán, Tepocilla, Miraflores.)

CHIAPAS (Gouv. de).

1769. — 8. Fers de commerce, 15 échant. (Comitán.)
1770. — 8ª. Minerais cuivre, 13 échant. (Idem.)

CHIHUAHUA (Gouv. de).

1771. — 9. Minerais argent, cuivre, or, plomb, 820 échant. (Yurbide, Hidalgo, Camargo, Jimenez.)
1772. — 9ª. Pierres de construction, 9 échant., marbres, 11 échant. (Jimenez, Ciudad Juarez.)
1773. — 9ᵇ. Jilolita, 4 échant., lignita, 4 échant. (Galeana.)

BECERRA, FRÈRES ET Cie.

1774. — 10. Minerais argent et or natifs, 99 échant. (Urique, Zápuri, Batapilas, Cerro Colorado.)

CARLOS PACHECO.

1775. — 11. Collection de minerais, 328 échant. (Diverses localités.)

IGNACIO ORTUÑO.

1776. — 12. Minerais argent natif, 23 échant. (Real del Monte.)

PORFIRIO DIAZ.

1777. — 13. Collection minerais or et argent, 148 échant. (Diverses localités.)

MANUEL R. RUBIO.

1778. — 14. Collection, minerais, or et argent, 141 échant. (Idem.)

TRINIDAD GARCIA.

1779. — 15. Collection de minerais, 250 échant. (Idem.)

DURANGO (Gouv. de).

1780. — 16. Minerais argent, plomb, cuivre, étain, 238 échant. (Peñoles, Cuencamé, Mapimí, Topia, Canelas, Cianori, Birinoa, Mariscal, Magistral, Huachil, Gavilanes, Pámico, Coneto, San Juan de Guadalupe, Mezquital, Parrillas, El Carmen, Atotonilco, Villa Lerdo, Santiago, Papasquiaro, Promontorio.)

DURANGO (Gouv. de).

1781. — 16ª. Minerais fer, 8 échant. (Cerro del Mercado.)

RODRIGUEZ AYON.

1782. — 17. Minerais argent, cuivre et plomb, 26 échant. (Santiago, Papasquiaro.)

MAXIMILIANO DAUM.

1783. — 18. Minerais, argent, 2 échant. (El Oro, Durango.)

COMPAGNIE MEXICAINE ET MANUFACTURIÈRE DEL CERRO DEL MERCADO.

1784. — 19. Minerais fer, 17 échant.
    Fer travaillé, 10 échant. (Cerro del Mercado, Durango.)

MARCOS ISSON.

1785. — 20. Fer en barres, 6 échant. (Durango.)

GUANAJUATO (Gouv. de).

1786. — 21. Minerais argent et cuivre, 26 échant. (Sierra Gorda.)
1787. — 21ᵃ. Pierre de construction, 15 échant. (Sierra Gorda, Iturbide.)
1788. — 21ᵇ. Échantillons de porphyres et pierres de pavage. (Presa de la Olla.)
1789. — 21ᶜ. Collection des minerais et profils de la Veta Madrey, La Luz. (Guanajuato.)

CARLOS OLAGUIBEL ET ARISTA.

1790. — 22. Collection de sables, 31 échant. (Guanajuato.)

GUERRERO (Gouv. de).

1791. — 23. Minerais, plomb, argent, fer, 63 échant. (Tasco Bravos, Hidalgo.)
1792. — 23ᵃ. Minerais mercure, agate, ardoises. (Huitzuco, Chilapa.)

GONZALO ESTRADA.

1793. — 24. Minerais argent, plomb, mercure, 2 échant. (Tasco, Guerrero.)

Cie MINIÈRE DEL REAL DEL MONTE Y PACHUCA.

1794. — 25. Collection de minerais, argent, plomb et roches de construction, 420 échant. (Real del Monte et Pachuca, Hidalgo.)

RICARDO HONEY HEMATITA.

1795. — 26. Fer corroyé, 3 échant. (Zimapán, Hildago.)

JÉSUS CERVANTES.

1796. — 27. Collection de minerais, 66 échant. (Zimapan.)

DÉPUTATION MINIÈRE DE ZIMAPAN.

1797. — 28. Minerais plomb, argent et fer, 111 échant. (Zimapan.)

JALISCO (Gouv. de).

1798. — 29. Roches de construction et d'ornement, 8 échant. (Sayula.)
1799. — 29ᵃ. Minerais argent, 91 échant. (Tequila, Tapalpa, Comanja, 6ᵉ et 5ᵉ canton Hostotipaquillo.)

HILARION ROMERO GIL.

>   **1800.** — 30. Minerais plomb, argent, mercure, 22 échant., 10e canton. (Jalisco.)

RINCON GALLARDO (J. M.)

>   **1801.** — 31. Fer forgé. (Comanja Jalisco.)

C. F. LANDERO.

>   **1802.** — 32. Collection de minerais, 86 échant. (Diverses localités.)

Cie JALISCIENSE « AVIADORA » DES MINES.

>   **1803.** — 33. Collection de minerais argent, cuivre, plomb, 72 échant. (4e et 6e canton, Ayutla, Bautista, Ameca, 9e canton.

E. ROMERO DE PARRA ET Cie.

>   **1804.** — 34. Galènes argentifères, 5 échant. (12ͤ canton.)

ZACARIAS TOPETE ET Cie.

>   **1805.** — 35. Minerais argent. (12e canton, Jalisco.)

MAURICIO TOPETE ET Cie.

>   **1806.** — 36. Minerais, argent et cuivre. (12ͤ canton, Jalisco.)

ENTREPRISE ACUA-BLANCA.

>   **1807.** — 37. Minerais cuivre. (Ayutla, Jalisco.)

CECILIO ALO.

>   **1808.** — 38. Minerais cuivre, argent, mercure, manganèse, chaux, argile. (Bramador Jalisco.)

ÉTAT DE MEXICO (Gouv. de l').

>   **1809.** — 39. Minerais argent et plomb. (Zacualpan, Sultepec.)
>   **1810.** — 39ᵃ. Roches de construction, bitume. (Sultepec, Chalco.)

DÉPUTATION MINIÈRE DE TEMASCALTEPEC.

>   **1811.** — 40. Collection de minerais argent, plomb et fer, 50 échant. (Temascaltepec, Sultepec.)

MICHOACAN (Gouv. de).

>   **1812.** — 41. Minerais argent et cuivre, 6 échant. (Tlalpujahua, Tequilpan, Zitácuaro, Coalcoman, Morelia.)

MICHOACAN (Gouv. de).

>   **1813.** — 41ᵃ. Roches, 53 échant. (Singuio, Tequilpan, Zitacuaro.)
>   **1814.** — 41ᵇ. Lames et objets cuivre. (Santa Clara.)

MORELOS (Gouv. de).

>   **1815.** — 42. Minerais argent et fer, roches de construction, 83 échant.

(Cuautla, Cuitepec, Ayala, Miahuatlan, Tlalquitenango,
Cerro Moreno, Ochitepec, Cerro de Caico.)

ENRIQUE SOTO CORTINA.

1816. — 43. Minerais, argent, plomb, cuivre, 36 échant. (Jojutla de
Juarez, Morelos.)

NUEVO LÉON (Gouv. de).

1817. — 44. Minerais argent, manganèse, cuivre et plomb, 12 échant.
(Monterey.)

PRUDENCIO TRUJILLO.

1818. — 45. Objets de ferblanterie. (Monterey.)

OAXACA (Gouv. de).

1819. — 46. Marbres, 8 échant. (Etla, Nochixtlan.)
1820. — 46a. Charbon minéral. (Tlaxiaco, Huajuapan, Teposcolula,
Nochixtlan.)
1821. — 46b. Plâtre de construction, ardoises, minerais de fer, ar-
gile refractaire et de poterie. (Tlaxiaco.)
1822. — 46c Roches de construction, minerais, plomb et argent.
Huajuapan, Villa Alvarez, Teposcolula.)

MIGUEL CASTRO.

1823. — 47. Minerais d'argent, 23 échant. (Villa Alta, Oaxaca.)

NÉGOCIATION « CINCO SEÑORES ».

1824. — 48. Minerais d'argent. (Villa Juarez, Oaxaca.)

COMPAGNIE « DIVINA PROVIDENCIA » DE JÉSUS-VICTOR ET AGUIRRE URRUTIA.

1825. — 49. Minerais et fers en barres. (Zimatlan, Oaxaca.)

Wo GARCIA.

1826. — 50. Minerais, cuivre et fer aurifère, 10 échant. (Zimatlán et
Ocotlan, Oaxaca.)

ESCANDON FRÈRES.

1827. · 51. Fer et cuivre aurifères, 5 échant. (Zimatlan, Ocotlán,
Etla.)

« SAN MARTIN » (Négociation).

1828. — 52. Minerais argent, 11 échant. (Ocotlan, Oaxaca.)

« DOLORÈS » (Négociation).

1829. — 53. Minerais argent, 1 échant. (Ocotlan.)

« SAN JUAN DE DIOS » (Négociation).

1830. — 54. Minerais argent, 2 échant. (Ocotlan, Oaxaca.)

« CONCEPTION » (Négociation).

1831. — 55. Minerais argent et plomb, 14 échant. (Etla, Oaxaca.)

PUEBLA (Gouv. de).

1832. — 56. Roches de construction et d'ornement, 12 échantillons. (Tepeaca, Acatlan, Huanchinango, Libres.)

1833. — 56ᵃ. Minerais argent, 16 échant. (Malpais, Tepeyahualco, Tlatlauque, Truyapan, Tepeji Ocochiltepec, Chiunautla, Tatela, Tehuacán, Jaltepec, Matamoros, San Antonio de la Cañada, Chalchicomula, Puebla.)

MIAHUATLAN (Municipalité de).

1834. — 57. Minerais argent, 4 échant. (Miahuatlan, Puebla.)

JOSÉ A. VARGAS.

1835. — 58. Marbres. (Tehuacan, Puebla.)

DOMENECH.

1836. — 59. Marbres (8 caisses). (Tehuacan, Puebla.)

QUERÉTARO (Gouv. de).

1837. — 60. Meulière de construction, 47 échant. (District de Toliman, Cañada.)

1838. — 60ᵃ. Minerais argent, plomb et mercure, 66 échant. (Cadereyta, Jalpa et Toliman.)

SAN LUIS POTOSI (Gouv. de).

1839. — 61. Minerai de plomb, 1 échant. (Charcas.)

1840. — 61ᵃ. Minerais argent et plomb, 107 échant. (Catorce, Guadalcazar, San Luis Potosi).

1841. — 61ᵇ. Matériaux de construction, chaux, ardoise, cassitérite, stalactique, marbres, étain en barre. (Catorce, Guadalcazar.)

JUAN BOCANEGRA.

1842. — 62. Marbres, 12 échantillons. (Sierra Alvarez, San Luis Potosi.)

FRANCISCO ARAUJO.

1843. — 63. Spalt, 18 échant., sélénite, 3 échant. (Partido de Carritos.)

AURELIO FLIZGART.

1844. — 64. Minerais argent et cuivre. (Venado, San Luis Potosi.)

NÉGOCIATION MINIÈRE DE LA PAZ.

1845. — 65. Minerais argent et plomb, 4 échant. (Catorce, San Luis Potosi.)

NEGOCIATION DE AMEZTOY ET AGUINAGA.

1846. — 66. Minerais argent et plomb, 19 échant. (Catorce, San Luis Potosi.)

MATIAS HERNANDEZ SOBERON.

1847. — 67. Minerais et échantillons d'étain. (Hacienda de San Pedro, San Luis Potosi.)

COMPAGNIE MINIÈRE DEL « SEÑOR DE LA HUMILDAD ».

1848. — 68. Minerais argent et plomb, 10 échant. (Catorce, San Luis Potosi.)

NEGOCIATION DEL « REFUGIO ».

1849. — 69. Minerais argent, plomb, fer, 22 échant. (Catorce.)

SINALOA (Gouv. de).

1850. — 70. Minerais, 17 caisses. (Mineral de Yedras, San Javier, Rosario, Mazatlan, Copala, Culiacan.)

ECHEGUREN.

1851. — 71. Minerais. (Concordia, Rosario.)

SONORA (Gouv. de).

1852. — 72. Minerais argent, plomb et fer, 153 échant. (Alamos, Moctezuma, Arizpe, Hermosillo, Ures, Guaymas, Altar et Sahuaripa.)

NÉGOCIATION.

1853. — 73. Minerais argent et plomb. 9 échant. (Ures, Sonora.)

NÉGOCIATION ALMADA ET TIRITO.

1854. — 74. Minerais, plomb, zinc et cuivre argentifères, 5 échant. (Alamos, Sonora.)

HACIENDA DE BAUCARI.

1855. — 75. Minerais argent, 4 échant. (Alamos.)

COMPAGNIE MINIÈRE DE MINAS PRIETAS.

1856. — 76. Minerais or et argent, 10 échant. (Hermosillo, Sonora.)

TAMAULIPAS (Gouv. de).

1857. — 77. Roches, 22 échant. (Tampico, Tintemal.)
1858. — 77[a]. Minerais d'argent, 28 échant. (District du Nord.)
1859. — 77[b]. Plaque de plomb. (Revillagigedo.)

TERRITOIRE DE TEPIC.

1860. — 78. Minerais plomb et fer argentifères, 117 échant. Ahua
catlán, Amatlan, La Yesca, Jatlan, Santiago, Iacuintla.
Compostela, Jala. Ahuitapulco.)

1860 bis. — 78ª. Meulière de construction, 1 échant. (Tepic.)

TABASCO (Gouv. de).

1861. — 79. Charbon de pierre.

VERACRUZ (Gouv. de).

1862. — 80. Minerais plomb et argent, 16 échant. (Jalapa, Jalacingo.)

1863 — 80ª. Marbres, 7 échant. (Jalapa, Jalacingo, Orizaba.)

1864. — 80ᵇ. Charbons minéraux, 2 échant., asphalte. (Tantoyuca.)

1865. — 80ᶜ. Lignite. (Chicontepec.)

YUCATAN (Gouv. de).

1866. — 81. Terres de poteries, 12 échant., pierre lithographique,
1 échant., marbres et roche de construction. (Localités
diverses.)

ZACATECAS (Gouv. de).

1867. — 82. Collection de minerais, 953 échant. (Mazapil, Ojo
Caliente, Jerez, Fresnille, Nieves, Juchipila, Pinos,
Sombrerete, Zacatecas.)

1868. — 82ª. Une cage, un arrosoir de jardin. (Zacatecas.)

NÉGOCIATION DE CANDELARIA.

1869. — 83. Minerais or et argent, 14 échant. (Pinos, Zacatecas.)

CLASSE 42
Produits des Exploitations et des Industries forestières.

CAMPÊCHE (Gouv. de).

1870. — 1. Bois de construction et d'ébénisterie, 88 échant. (Isla del
Carmen, Bolonchen.)

AUGUSTE SCHACHT.

1871. — 2. Bois, 16 échant. (Salada, Paso del Río, San Antonio.)

F. MICHEL.

1872. — 3. Bois, 7 échantillons. (Paso del Río, Salada, San Antonio.)

A. VOGEL.

> **1873.** — 4. Bois de construction et d'ébénisterie, 48 échant. (Paso del Río, Salada, San Antonio, Colima.)

J. BARRETO.

> **1874.** — 5. Bois de construction et d'ébénisterie, 41 échant. (Paso del Río, Salada, San Antonio.)

COAHUILA (Gouv. de).

> **1875.** — 6. Bois. 4 échant. (Localités diverses.)

CHIAPAS (Gouv. de).

> **1876.** — 7. Collection de bois, 7 échant. (Localités diverses.)

DURANGO (Gouv. de).

> **1877.** — 8. Collection de bois, 69 échantillons. (San Juan de Guadalupe).

MAXIMO GAMIS.

> **1878.** — 9. Bois, 12 échant. (San Juan de Guadalupe, Suchil.)

FELICIANO GALVAN.

> **1879.** — 10. Bois, 9 échant. (Suchil, Poana. Durango.)

GUANAJUATO (Gouv. de).

> **1880.** — 11. Bois, 31 échant. (San Luis de la Paz.)

GUERRERO (Gouv. de).

> **1881.** — 12. Collection de bois de construction et d'ébénisterie, 67 échant. (Localités diverses.)

HIDALGO (Gouv. de).

> **1882.** — 13. Bois, 26 échant. (Localités diverses.)

JALISCO (Gouv. de).

> **1883.** — 14. Vingt-quatre ballots de bois, 30 échant. (Localités diverses.)

HILARION ROMERO GIL.

> **1884.** — 15. Bois, 38 échant. (Guadalajara, Jalisco.)

ÉCOLE NATIONALE DES INGÉNIEURS.

> **1885.** — 16. Collection de Bois. (Guadalajara, Jalisco.)

C. F. LANDERO.

> **1886.** — 17. Bois, 1 échant. (Guadalajara, Jalisco.)

AGUSTIN L. GOMEZ.

1887. — 18-19. Bois de construction et d'ébénisterie, 60 échant. (Guadalajara, Jalisco.)

AURELIO MARTINEZ.

1888. — 20. Bois, 40 échant. (Guadalajara.)

JUAN, N. PORTILLO.

1889. — 21. Bois, 40 échant. (Idem.)

MIGUEL GOMEZ.

1890. — 22. Bois, 12 échant. (Idem.)

MIGUEL MORALES.

1891. — 23. Bois, 7 échant. (Idem.)

AUTORITÉS DE AHUALULCO.

1892. — 24. Bois, 9 échant. (Ahualulco, Jalisco.)

AUTORITÉS DE MEZQUITE.

1893. — 25. Bois, 5 échant. (Mezquite, Jalisco.)

AUTORITÉS DE BOLAÑOS.

1894. — 26. Bois, 10 échant. (Bolaños, Jalisco.)

ÉTAT DE MEXICO (Gouv. de l').

1895. — 27. Bois, 13 échant. (Chalco.)

VICTOR DIAZ.

1896. — 28. Bois, 17 échant. (Jultepec, État de Mexico.)

MICHOACAN (Gouv. de).

1897. — 29. Collection de bois de construction et d'ébénisterie 470 échant. (Muzquiz, Tacambaro, Maravatío, Morelia.)

MORELOS (Gouv. de).

1898. — 30. Bois de construction et d'ébénisterie, 131 échant. (Jojutla, Amacusac, Tintepec, Talalchitenango, Jonacatepec et Cuernavaca.)

NUEVO LEON (Gouv. de).

1899. — 31-32. Bois de construction et d'ébénisterie, 209 échant. (Tuxtepec et autres localités de l'État.)

PUEBLA (Gouv. de).

1900. — 33. Bois de construction et d'ébénisterie, 883 échantillons.

(Zacatlan, Zacapoaxtla, Chiautla, Tecali, Cholula, Tepeji, Huanchinango, Tetela. Chalchicomula, Tehuacan, Alatriste.)

QUERÉTARO (Gouv. de).

1901. — 34. Bois de construction et d'ébénisterie, 32 échantillons. (Localités diverses.)

SAN LUIS POTOSI (Gouv. de)

1902. — 35. Bois, 11 échantillons. (Localités diverses.)

TAMAULIPAS (Gouv. de).

1903. — 36. Bois, 22 échantillons. (Localités diverses.)

JUAN GOJON.

1904. — 37. Bois de construction, d'ébénisterie, 66 échant. (Hacienda de la « Purisima », Tampico, Ciudad Victoria, Pánuco, Tintemal.)

TABASCO (Gouv. de).

1905. — 38. Bois, 13 échantillons. (San Juan Bautista.)

TERRITOIRE DE TÉPIC.

1906. — 39. Bois de construction et d'ébénisterie, 78 échant. (Tépic.

VERA CRUZ (Gouv. de).

1907. — 40. Bois, 25 échantillons. (Orizaba.)

FRANCISCO ARENAS.

1908. - - 41. Bois de construction et d'ébénisterie, 108 échantillons. (Cordoba, Vera Cruz.)

MATA.

1909. - — 42. Une table de cèdre, mosaïque formée d'échantillons de bois de construction et d'ébénisterie. (Canton d'Orizaba.)

YUCATAN (Gouv. de).

1910. -— 43. Bois, 172 échantillons. (Localités diverses.)

ZACATECAS (Gouv. de).

1911. — 44. Bois, 15 échant. (Localités diverses.)

CLASSE 43

Produits de la chasse. — Produits, engins et instruments de la pêche et des cueillettes.

COLIMA (Gouv. de).

    1912. — 1. Caoutchouc. (Colima.)

CHIAPAS. (Gouv. de.)

    1913. — 2. Caoutchouc. (Chiapas.)

DURANGO (Gouv. de).

    1914. — 3. Peaux de coyote, jaguar, ours, chevreuil, chat sauvage. (Durango.).

GUERRERO (Gouv. de).

    1915. — 4. Six échantillons de peaux de sanglier, écureuil, renard, lézard, champoste et ours, alahuates de marais. (Mojarras, Abasolo.)

MICHOACAN (Gouv. de).

    1916. — 5. Quarante-cinq échantillons de peaux de chevreuil, tigre, chat-tigre, huindure, lézard, léopard, sanglier, écureuil, renard. (Huetamo, Zinapécuaro, Puruandiro.)

    1917. — 5ª. Caoutchouc, 5 canots avec poissons de Chalapa, un filet de pêche. (Jiquilpan.)

MORELOS (Gouv. de).

    1918. — 6. Filet et hameçon, 2 échantillons, 18 truites. (Techitepec, Ayala.)

    1919. — 6ª. Quatre tortues. (Jojutla.)

ETAT DE MEXICO (Gouv. de.)

    1920. — 7. Plumes de canard. (Jatapaluca.)

OAXACA (Gouv. de).

    1921. — 8. Quatre-vingt-dix échantillons de peaux de chevreuil, tigre, faon, chat-tigre, lion, barbet, sanglier, écureuil, lièvre, lapin, lézard, caoutchouc. (Juquila.)

PUEBLA (Gouv. de).

    1922. — 9. Soixante-dix-sept échantillons de peaux de blaireau, once, écureuil, renard, chevreuil, etc. (Tetela, Puebla, Chalchicomula, Acatlán, Zacatlán.)

    1923. — 9ª. Quatre-vingt-sept échantillons d'oiseaux disséqués. (Tochimilco, Atlisco, Tochimilco, Matamoros, Épatlan, Putla, Hacienda de Santa-Catarina, San Felipe.)

1924. — 9ᵇ. Épervier à pêcher. (Tuzamapa.)

JUAN J. CASTAÑOS.

1925. — 10. Cuirs de lion. (Tula.)

FRANCISCO RAMIREZ OVALLE.

1926. — 11. Cuirs de tigre. (Tula, Tamaulipas.)

TABASCO (Gouv. de).

1927. — 12. Neuf échantillons de peaux de tigre, chevreuil, caïman et boa.

VERACRUZ (Gouv. de).

1928. — 13. Caoutchouc. (Vera-Cruz.)

YUCATAN (Gouv. de).

1929. — 14. Peaux de sanglier et lézard, carapace et écailles cinq variétés d'éponges ordinaires et courantes carapace de tortue blanche. (Cozumel.)

YUCATAN (Gouv. de).

1930. — 14ᵃ. Carapace et écailles polies, écailles brutes (cahuamo), une peau de levisa, 4 algues-marines, 107 carapaces diverses. (Progreso.)

CLASSE 44
Produits agricoles non alimentaires.

ANTONIO MORFIN et Cⁱᵉ.

1931. — 1. Cigares puros et ordinaires (12 échant). (Aguascalientes.)

COLIMA (Gouv. de).

1932. — 2. Fibres de Pita (2 échant.). (Comalá.)
1933. — 2ᵃ. Fibres de bananier (plátano, 1 échant.). (Comalá.)
1934. — 2ᵇ. Fibres de huinare (1 échant.). (Comalá.)
1935. — 2ᶜ. Tabac, en fils, en feuille et travaillé. (Comalá.)

GREGORIO BARRETO.

1936. — 3. Ixtle (1 échant.). (Colima.)

COLIMA (Gouv. de).

1937. — 4. Copal blanc et noir (1 échant.). (Colima.)
1938. — 4ª. Cire blanche et jaune. (Colima.)
1939. — 4ᵇ. (Chicle). (Idem.)
1940. — 4ᶜ. Gomme de pin blanc. (Idem.)
1941. — 4ᵈ. Idem, idem, rouge. (Idem.)
1942. — 4ᵉ. Idem, de manglier. (Idem.)
1943. — 4ᶠ. Idem, de ocote. (Idem.)
1944. — 4ᵍ. Esprit de térébenthine. (Idem.)
1945. — 4ʰ. Térébenthine. (Idem.)
1946. — 4ⁱ. Alchitran (goudron). (Idem.)
1947. — 4ʲ. Huile de résine de sapin. (Idem.)
1948. — 4ᵏ. Semences de pistache. (Idem.)
1949. — 4ˡ. Huile de figuier. (Idem.)
1950. — 4ᵐ. Huile de sésame. (Idem.)
1951. — 4ⁿ. Huile de pistache. (Idem.)
1952. — 4º Huile de coco. (Idem.)

CHIAPAS (Gouv. de).

1953. — 5. Tabac en feuilles. (Simojovel, Chapa de Corzo.)
1954. — 5ª. Cigares et cigarettes. (Idem.)
1955. — 5ᵇ. Coton blanc. (Chiapas.)
1956. — 5ᶜ. Cire végétale. (Idem.)
1957. — 5ᵈ. Gomme de petit zapote. (Idem.)
1958. — 5ᵉ. Idem arabique. (Idem.)
1959. — 5ᶠ. Résines. (Idem.)
1960. — 5ᵍ. Cire vierge. (Idem.)

CHIHUAHUA (Gouv. de).

1961. — 6. Coton. (Santa Rosalia.)

COAHUILA (Gouv. de).

1962. — 7. Cigares de « La Fronteriza ». (Saltillo.)
1963. — 7ª. Idem. « Sierra Mojada ». (Idem.)
1964. — 7ᵇ. Fibres en Ixtle. (Patos.)
1965. — 7ᶜ. Idem de lechuguilla. (Idem.)

RENÉ LAJOUS.

1966. — 8. Coton. (Parras.)

SOCIEDAD SAN LORENZO.

1967. — 9. Ixtle. (San Lorenzo.)

SECRÉTARIAT DU « FOMENTO ».

1968. — 10. Fibres du maguey. (Agave.)
1969. — 10ª. Idem de lechuguilla.

1970. — 10ᵇ. Fibres de pita.
1971. — 10ᶜ. Idem en ixtle.
1972. — 10ᵈ. Idem de hennequén.
1973. — 10ᵉ. Idem de jolotzin.
1074. — 10ᶠ. Idem de jonote.
1975. — 10ᵍ. Idem en izote.

ERNEST PUGIBET.

1976. — 11. Cigares. (Mexico.)
1977. — 11ᵃ. Idem. « Judic. » (Idem.)
1978. — 11ᵇ. Idem. russes. (Idem.)

NORIEGA Succ⁵.

1979. — 12. Cigares. (Mexico.)
1980. — 12ᵃ. Idem. « Ponciano Diaz. » (Idem.)
1981. — 12ᵇ. Idem. « La Central. » (Idem.)
1982. — 12ᶜ. Idem. « Borrego. » (Idem.)
1983. — 12ᵈ. Idem. « La Mexicana. » (Idem.)
1984. — 12ᵉ. Idem. « La Asturiana. » (Idem.)

MANUEL RIVERO.

1985. — 13. Cigares. (Mexico).

DURANGO (Gouv. de).

1986. — 14. Fibres de lechuguilla. (Nazas.)
1987. — 14ᵃ. Maguey de lechuguilla.

DONATO GUTIERREZ.

1988. — 15. Cotonnier en fruits. (Villa Lerdo
1989. — 15ᵇ. Semence de coton. (Idem.)

GOMEZ PALACIO.

1990. — 16. Coton blanc. (Villa Lerdo.)

M. SIERRA.

1991. — 17. Tabac en feuilles. (Nombre de Dios.)

A. HUERTA.

1992. — 18. — Maguey. Sierra Gorda. (Guanajuato.)

GUERRERO (Gouv. de).

1993. — 19. Fibre en ixtle. (Bravos).
1994. — 19ᵃ. Fibres de maguey (agave). (Huamixtitlan.)
1995. — 19ᵇ. Fibres de lechuguilla. (Galeana.)
1996. — 19ᶜ. Fibres de majagua. (Galeana.)
1997. — 19ᵈ. Racines de Zacaton. (Huamixtitlan.)
1998. — 19ᵉ. Tabac en feuilles, cigares. (Tixtla.)

1999. — 19ʳ. Résines aromatiques. (Localités diverses.)
2000. — 19ˢ. Semences de cacahuananchi. (Idem.)

HIDALGO (Gouv. de).

2001. — 20. Fibres de ixtle. (Huasteca.)
2002. — 20ᵃ. Cire végétale. (Idem.)

J. OLIVARÈS HERNANDEZ (Tianguistán).

2003-2004. — 21. Zapupe.
2005. — 21ᵃ. Lechuguilla.

JABISCO (Gouv. de).

2006 — 22. Fibres de Lechuguilla. (Guadalajara.)
2007. — 22ᵃ. Fibres de maguey (agave). (Idem.)

MARIANO BÁRCENA.

2008. — 23. Coton. (Hacienda de Santa-Cruz.)
2009. — 23ᵃ. Fibres de maguey (agave). (Idem.)
2010. — 23ᵇ. Tabac en feuilles. (Tepushuacán.)
2011. — 23ᶜ. Gomme de pin. (Jalisco.)
2012. — 23ᵈ. Gomme de citronnier. (Idem.)
2013. — 23ᵉ. Gomme de tragacanto. (Idem.)
2014. — 23ᶠ. Gomme de mezquite. (Idem.)
2015. — 23ᵍ. Copal. (Idem.)
2016. — 23ʰ. Encens. (Idem.)

JUAN Y. MATUTE (Jalisco.)

2017. — 24. Lechuguilla, 4ᵉ canton.
2018. — 24ᵃ. Résine d'ocote, 4ᵉ canton.

C. GONZALEZ PALOMAR. (Jalisco.)

2019. — 25. Laine mérinos. (La Barca.)

MEXICO (Gouv. de l'État de).

2020. — 26. Huile de figuier. (Chalco.)
2021. — 26ᵃ. Fibres de maguey (agave). (Ixtapaluca.)
2022. — 26ᵇ. Fibres de jolotzin. (Idem.)

MICHOACÁN (Gouv. de).

2023. — 27. Lechuguilla. (La Piédad et Tiquilpán.).
2024. — 27ᵃ. Tule. (Zinapecuaro.)
2025. — 27ᵇ. Cicua de guásimo. (Huétamo.)
2026. — 27ᶜ. Cicua de bananier. (Tacámbaro, Huetamo, Purnándino et Zamora.)
2027. — 27ᵈ. Marihuano. (Tacámbaro.)
2028. — 27ᵉ. Huinare. (La Piedad.)
2029. — 27ᶠ. Écorce de Ziranda. (Tacámbaro.)

2030. — 27^{g}. Maguey. (Tiquilpan, Maravatio, Zamora.
2031. — 27^{h}. Bromelia. (Zamora.)
2032. — 27^{i}. Palmier. (Zitácuaro, Puruándiro.)
2033. — 27^{j}. Pita. (Puruándiro.)
2034. — 27^{k}. Pochote. (Zamora.)
2035. — 27^{l}. Racine de zacaton. (Zinapécuaro, Maravatio.)
2036. — 27^{m}. Cicua de pavot. (Coalcoman.)
2037. — 27^{n}. Cicua d'œillet. (Idem.)
2038. — 27°. Maguey brun. (Morelia.)
2039. — 27^{p}. Maguey blanc. (Idem.)
2040. — 27^{q}. Majagua. (Coalcoman.)
2041. — 27^{r}. Coton. (Tacámbaro.)
2042. — 27^{s}. Tabac en rame et travaillé. (Zamora, La Piedad, San Pedro.)
2043. — 27^{t}. Copal. (Apatzingan.)
2044. — 27^{u}. Cire blanche et jaune. (Idem.)
2045. — 27^{v}. Copalchi. (Idem.)
2046. — 27^{vv}. Huile de cacahuamanchi. (Idem.)
2047. — 27^{x}. Gomme de nopal. (Idem.)

MORELOS (Gouv. de).

2048. — 28. Racine de zacaton. (Localités diverses.)
2049. — 28^{a}. Huile d'amate jaune.
2050. — 28^{b}. Huile de figuier.
2051. — 28^{c}. Huile de cacahuananchi.
2052. — 28^{d}. Huile de campêche.
2053. — 28^{e}. Résine de copal.
2054. — 28^{f}. Résine de cèdre.
2055. — 28^{g}. Résine d'ocote.
2056. — 28^{h}. Gomme de mezquite.
2057. — 28^{i}. Gomme d'oyamel.
2058. — 28^{j}. Gomme de huigache.
2059. — 28^{k}. Gomme de nopal.
2060. — 28^{l}. Semences oléagineuses.

FRANCISCO PEÑA.

2061. — 29. Cigares ordinaires. (Cuáutla, Morelos.)

NUEVO LEON (Gouv. de).

2062. — 30. Fibres de malvoisie. (Monteros.)

MANUEL Z. DORIA.

2063. — 31. Coton. (Linares, Nuevo Leon.)
2064. — 31^{a}. Catana. (Idem.)

J. M. TUMEZ.

2065. — 32. Coton. (Allende, Nuevo Leon.)

FRANCISCO GARCIA ELIZONDO.

2066. — 33. Coton. (Apodaca, Nuevo-Leon.)

J. SEPULVEDA.

2067. — 34. Lechuguilla. (Villa Garcia, Nuevo-Leon.)

OAXACA (Gouv. de).

2068. — 35. Coton. (Tuxtepec.)
2069. — 35ª. Ixtle. (Idem.)
2070. — 35ᵇ. Ramié. (Idem.)
2071. — 35ᶜ. Maguey (agave). (Idem.)
2072. — 35ᵈ. Pita. (Idem.)
2073. — 35ᵉ. Coton coyuche. (Idem.)
2074. — 35ᶠ. Pochote. (Idem.)
2075. — 35ᵍ. Majagua. (Juchitán.)
2076. — 35ʰ. Laine. (Idem.)
2077. — 35ⁱ. Cocons de soie. (Oaxaca.)
2078. — 35ʲ. Tabac en feuille et travaillé. (Tlaxiaco, Tuxtepec.)
2079. — 35ᵏ. Encens aromatiques
2080. — 35ˡ. Copal.
2081. — 35ᵐ. Cuapinole.
2082. — 35ⁿ. Cire blanche.
2083. — 35ᵒ. Cire jaune.
2084. — 35ᵖ. Cire de Campêche.
2085. — 35ᑫ. Cire de Castilla.
2086. — 35ʳ. Gomme de mezquite.
2087. — 35ˢ. Gomme d'ocote.
2088. — 35ᵗ. Huile de figuier.

DANIEL LÉVY.

2089. — 36. Tabac en feuilles. (Santa-Rosa, Oaxaca.)

PUEBLA (Gouv. de).

2090. — 37. Fibres d'ixtle. (Eloxochitlan, Tepeji, Tenampulco, Libres, Jiquilpan.)
2091. — 37ª. Racine de zacaton. (Teziutlán, Libres, Acajete.)
2092. — 37ᵇ. Lechuguilla. (Tenampulco, Tetela.)
2093. — 37ᶜ. Ixtle. (Tuzamapa.)
2094. — 37ᵈ. Jonote. (Idem.)
2095. — 37ᵉ. Bananier. (Tetela.)
2096. — 37ᶠ. Cocons de soie. (Localités diverses.)
2097. — 37ᵍ. Zacate sauvage. (Idem.)
2098. — 37ʰ. Ramié. (Idem.)
2099. — 37ⁱ. Coton jaune. (Tetela.)
2100. — 37ʲ. Coton blanc. (Tlatlauqui.)
2101. — 37ᵏ. Laine. (Localités diverses.)

2102. — 37^{l}. Cigares.
2103. — 37^{ll}. Tabac. (Zacapoaxtla, Tuzamapa, Zacatlan.)
2104. — 37^{m}. Tabac en feuilles. (Huchuetlan, Eleoxochitlán.)
2105. — 37^{n}. Cigarettes « La America ». (Puebla.)
2106. — 37°. Cigarettes « La Marina ». (Puebla.)
2107. — 37^{p}. Cigares. (Tezintlán, Puebla, Zacapoaxtla.)
2108. — 37^{q}. Cigarettes « La Legalidad ». (Puebla.)
2109. — 37^{qq}. Cigarettes supérieures. (Tetela.)
2110. — 37^{r}. Gomme de cuajiate. (San Andrès, Chalchicomula.)
2111. — 37^{s}. Gomme de nopal. (Idem.)
2112. — 37^{t}. Copol. (Zacatlán, San Andrès, Chalchicomula.)
2113. — 37^{u}. Ocotillo. (San Andrès-Chalchicomula.)
2114. — 37^{v}. Résine de pin blanc. (Zacatlán.)
2115. — 37^{vv}. Térébenthine. (Idem.)
2116. — 37^{x}. Cire de ruche. (San Andrès, Zacatlán.)
2117. — 37^{y}. Résine de oyamel. (Zacatlán.)
2118. — 37^{z}. Gomme de mezquile. (Idem.)
2119. — 37^{a}. Huile de lin. (San Andrès, Chalchicomula.)
2120. — 37^{b}. Huile de racine. (Zacatlán.)
2121. — 37^{c}. Huile de rose. (San Andrès, Chalchicomula.)
2122. — 37^{d}. Huile de chou-palmiste. (Idem.)
2123. — 37^{e}. Miel de ruche. (Zacatlán.)
2124. — 37^{f}. Huile de noix de coco.
2125. — 37^{g}. Huile animale.
2126. — 37^{h}. Huile de Sésame.
2127. — 37^{i}. Huile de palma-christi.
2128. — 37^{j}. Cires blanches et jaunes.
2129. — 37^{k}. Résine de chabacano.
2130. — 37^{l}. Résine de maguey. (Agave.)
2131. — 37^{m}. Cire végétale.

TRASLOSHEROS, A.

2132. — 38. Racine de zacaton. (Acajete, Puebla.)

CARLOS BAUER.

2133. — 39. Racine de zacaton. (Acajete, Puebla.)

AGAPITO FONTECILLA.

2134. — 40. Racine de zacaton. (Teziutlán, Puebla.)

QUERETARO (Gouv. de).

2135. — 41. Fibres d'ixtle. (Peñamiller, Santa Maria.)

SINALOA (Gouv. de).

2136. — 42. Fibres de hennequén.
2137. — 42^{a}. Plante de pelotazo.
2138. — 42^{b}. Colotagüe.

2139. — 42ᶜ. Plante de colotagüe.
2140. — 42ᵈ. Orschilla.

SAN LUIS POTOSI (Gouv. de).

2141. — 43. Ixtle. (San Luis Potosi.)
2142. — 43ᵃ. Maguey (agave). (Idem.)
2143. — 43ᵇ. Lechuguilla. (Zamandoque.)
2144. — 43ᶜ. Palmier. (Angostura.)
2145. — 43ᵈ. Zamandoque. (Idem.)
2146. — 43ᵉ. Espadin. (Idem.)
2147. — 43ʳ. Plante espadin. (Idem.)
2148. — 43ᵍ. Collection de tabacs. (Rayon.)

OCTAVIO CARRERA.

2149. — 44. Ixtle, 1 échant. (Villa de Reyes.)

PABLO VERASTÉGUI.

2150. — 45. Jonote, 1 échant. (Rio Verde.)

JOSE E. YPIÑA.

2151. — 46. Laine de mérinos. (San Luis Potosi.)

P. CHEISSEN REISSELBACH.

2152. — 47. Gomme de mezquite. (Sonora manzanilla.)

TABASCO (Gouv. de).

2153. — 48. Fibres de camomille. (San Juan Bautista.)
2154. — 48ᵃ. Fibres de spalencano. (Idem.)
2155. — 48ᵇ. Fibres de couleurs. (Idem.)
2156. — 48ᶜ. Fibres de pita. (Idem.)
2157. — 48ᵈ. Fibres de majagua. (Idem.)
2158. — 48ᵉ. Fibres de jolotzin. (Idem.)
2159. — 48ʳ. Collection de cigarettes «Cigares» et tabacs. (Huiman-
guillo.)]

ANTONIO DOMINGUEZ.

2160. — 49. « Cigares », 1 échant. (Jalpa, Tabasco.)

DESIDERIO ROSADO.

2161. — 50. « Cigares », 1 échant. (Jalpa, Tabasco.)

JOSÉ C. AVALOS.

2162. — 51. « Cigares » et cigarettes. (Tabasco.)

TAMAULIPAS (Gouv. de).

2163. — 52. Coton en filasse. (Tula.)
2164. — 52ᵃ. Fibres d'ixtle. (Idem.)

2165. — 52^b. Lechuguilla. (Hacienda de Marom.)
2166. — 52^c. Asphalte et chapopote.

SERAPIO DE LA GARZA.

2167. — 53. Lechuguilla et maguey (agave). (Cerro Gordo.)

DESIDERIO RODRIGUEZ.

2168. — 54. Coton filasse. (Tula.)

FRANCISCO MARTINEZ.

2169. — 55. Deux paquets de coton. (Tintetnatl.)

JUAN AGUIRRE.

2170. — 56. Deux paquets de coton. (Ciudad Victoria.)

JUAN ZUBIAGA.

2171. — 57. Fibres de huapilla. (Tampico.)

SANTIAGO HERTMAN.

2172. — 58. Ixtle. (Jaumave.)

PEDRO GONZALÈS.

2173. — 59. Maguey (agave). (Palmillas.)
2174. — 59^a. Jarcia. (Idem.)

L. APORTELA.

2175. — 60. Fibres de maguey (agave.) (Calpulalpam.)

TEPIC (Gouv. de).

2176. — 61. Fibres de ixtle. (Tepic.)
2177. — 61^a. Fibres de jocumixtle. (Idem.)
2178. — 61^b. Laine. (Idem.)
2179. — 61^c. Pochote. (Idem.)
2180. — 61^d. « Cigares » et cigarettes. (Idem.)
2181. — 61^e. Tabac en feuilles. (Idem.)
2182. — 61^f. Cire de Castilla. (Aguacatlán.)
2183. — 61^g. Cire blanche. (Idem.)
2184. — 61^h. Cire jaune. (Idem.)
2185. — 61^i. Huile de fève. (Idem.)
2186. — 61^j. Huile de caïman. (Idem.)

G. LANZOGORTA FRÈRES.

2187. — 62. « Cigares », 1 échant. (San Blas.)
2188. — 62^a. Tabac, 1 échant. (Idem.)
2189. — 62^b. Huile de noix de coco. (Idem.)

CIPRIANO VAZQUEZ.

2490. — 63. « Mascotte », cigarettes. (San Blas.)
2491. — 63ª. Huile de noix de coco. (Idem.)

PROSPERO MESA ET Cie.

2492. — 64. Cigares « Garibaldi ». (Idem.)
2493. — 64ª. Cigares « Reina Victoria ». (Idem.)
2494. — 64ᵇ. Cigarettes. (Idem.)

VERACRUZ (Gouv. de).

2495. — 65. Pita. (Soledad, Misantla.)
2496. — 65ª. Coton. (Soledad.)
2497. — 65ᵇ. Racine de zacaton. (Veracruz.)
2498. — 65ᶜ. Maguey (agave). (Soledad, Veracruz.)
2499. — 65ᵈ. Zapope. (Tehuatlan.)
2200. — 65ᵉ. Cigares et cigarettes. (Veracruz.)
2201. — 65ᶠ. Tabac en feuilles. (Oluta, Cordoba, Tlapacoyan, Chocoman.)
2202. — 65ᵍ. Cire jaune. (Veracruz.)
2203. — 65ʰ. Copal. (Idem.)
2204. — 65ⁱ. Cire végétale. (Idem.)
2205. — 65ʲ. Cire blanche. (Idem.)
2206. — 65ᵏ. Chicle. (Papantla, Tuxpan.)
2207. — 65ˡ. Lait de hule. (Tantoyuco, Cosamaloapan.)

LEON MALPICA ET Cie.

2208. — 66. Ixtle, 8 échant. (San Andrès, Tuxtla.)

GABRIEL M. TRIGOS.

2209. — 67-68. Cordon cardé. (San Andrès, Tuxtla.)

RODRIGUEZ MIRAVETE.

2240. — 69. Cigares, 10 échant. (Idem.)

LUIS, G. CARRION.

2211. — 70. Cigares. (Idem.)

CAPDEVILA FRÈRES.

2212. — 71. Cigares et tabac en feuilles. (Veracruz.)

JOSÉ MARIN FIGUEROA.

2243. — 72. Cigares, 4 échant. (San Andrès, Tuxtla.)

GARCIA FRÈRES.

2214. — 73. Cigares, 12 échant. (Idem.)

RAMON SUAREZ.

2215. — 74. Cigares, 3 échant. (San Andrès, Tuxtla.)

ANGEL RODRIGUEZ.

2216. — 75. Tabac en feuilles. (Idem.)

ANTONIO TURRENT.

2217. — 76. Tabac en feuilles. (Idem.)

E. GABARROT.

2218. — 77. Cigares, 88 échant. (Jalapa.)
2219. — 77ª. Tabac en feuilles. (Idem.)

BALSA FRÈRES.

2220. — 78. Cigares, 5 échant. (Veracruz.)
2221. — 78ª. Tabac en feuilles, 2 échant. (Idem.)

YUCATAN (Gouv. de.)

2222. — 79. Fibres de hennequén. (Merida.)
2223. — 79ª. Chucum-ci. (Idem.)
2224. — 79ᵇ. Pinuela. (Idem.)
2225. — 79ᶜ. Bananier plátano. (Idem.)
2226. — 79ᵈ. Tzolboj. (Idem.)
2227. — 79ᵉ. Yarco. (Idem.)
2228. — 79ᶠ. Citamis. (Idem.)
2229. — 79ᵍ. Colunzi. (Idem.)
2230. — 79ʰ. Chichibé. (Idem.)
2231. — 79ⁱ. Chiben-ci. (Idem.)
2232. — 79ʲ. Hortiga. (Idem.)
2233. — 79ᵏ. Lool. (Idem.)
2234. — 79ˡ. Coton. (Idem.)
2235. — 79ᵐ. Pochote. (Idem.)
2236. — 79ⁿ. Duvet de Mirohuana. (Idem.)
2237. — 79ᵒ. Cocons de soie. (Idem.)
2238. — 79ᵖ. Copal. (Idem.)
2239. — 79ᑫ. Chicle. (Idem.)
2240. — 79ʳ. Gomme de cèdre. (Idem.)
2241. — 79ˢ. Cire de ruche. (Idem.)
2242. — 79ᵗ. Huile de noix de coco. (Idem.)
2243. — 79ᵘ. Huile de manati. (Idem.)

AGUSTIN DEL RIO.

2244. — 80. Fibres de Hool. (Mérida.)
2245. — 80ª. Sacci. (Idem.)
2246. — 80ᵇ. Chucumá. (Idem.)

CRISANTO SOLIS.

2247. — 81. Sacisi. (Mérida.)

F. SOLIS, FRÈRES.

2248. — 82. Chichule. (Mérida.)

GRAJALES ET Cie.

2249. — 83. Tabac et cigarettes. (Mérida.)

J. B. MANGAS.

2250. — 84. Cigarettes. (Mérida.)

G. GOMEZ B. ET Cie.

2251. — 85. Cigarettes. (Mérida.)

REMIGIO LOPE.

2252. — 86. Cigarettes. (Mérida.)

FRANCISCO BUENFIEL.

2253. — 87. Tabac. (Mérida.)
2254. — 87ª. Tabac compressé. (Idem.)

BERNABÉ SANTOS.

2255. — 88. Tabac. (Mérida.)

PEDRO PECH.

2256. — 89. Tabac. (Mérida.)

ZACATECAS (Gouv. de).

2257. — 90. Fibres de lechuguilla. (Pinos.)
2257 bis. — 90ª. Fibres de lepemete. (Pinos, Juchipila.)
2257 ter. — 90ᵇ. Fibres d'ixtle. (Villa Garcia.)

CLASSE 45

Produits chimiques et pharmaceutiques.

L. PATTER ET Cie.

2258. — 1. Vin de los Yaquis. (Basse-Californie.)

COLIMA (Gouv. de).

2259. — 2. Collection de plantes médicinales et indigènes, 6 échant.
(Colima.)
2260. — 2ª. Sel ordinaire. (Comala.)

SEGUNDO ZERTUCHE.

2261. — 3. Vin carminatif, 1 échant. (Candela, Coahuila.)

INSTITUT MÉDICAL MEXICAIN.

2262. — 4. Collection de plantes médicinales. (Localités diverses.)

SECRÉTARIAT DE FOMENTO.

2263. — 5. Collection de plantes médicinales indigènes, 300 échant. (Mexico.)

BLAS AURELIO.

2264. — 6. Emplâtre vénitien, 1 échant. (Mexico.)

J. FALERO.

2265. — 7. Élixir dentifrice, 1 échant. (Mexico.)

Vve JOSÉ GRISI.

2266. — 8. Emplâtre monopole, 1 échant. (Mexico.)

MARiN HIDALGO.

2267. — 9. Extraits fluides de certaines plantes et préparés avec du fer. (Mexico.)

HURTADO.

2268. — 10. Vin de pepastique, 1 échant. (Mexico.)

JUAN FARRIL.

2269. — 11. Ojite Rey, 1 échant. (Mexico.)

A. LIJERO.

2270. -- 12. Savon médicinal. 2 échant. (Mexico.)

POMPOSO PATIÑO.

2271. -- 13. Spécifique anti-hémorroïdal, 1 échant. (Mexico.)

SEVERIANO PEREZ.

2272. — 14. Essence de Schinus Mole, 1 échant. (Mexico.)
2272 bis. -- 14. Sirop de Schinus Mole, 1 échant. (Idem.)
2272 ter. — 14. Jarabe de Schinus Mole, 1 échant. (Idem.)

M. RÍO DE LA LOZA.

2273. — 15. Pilules pour l'épilepsie, 1 échant. (Mexico.)

DOCTEUR SPYER.

2274. — 16. Pâte orientale, 1 échant. (Mexico.)
2275. — 16. Poudres dentifrices, 1 échant. (Idem.)

R. SUAREZ.

2276. — 17. Opaline, 1 échant. (Mexico.)

VICENTE BASALLO.

2277. — 18. Emplâtre samaritain, 1 échant. (Mexico.)

FRANCISCO PIMENTEL.

2278. — 19. Colle pour la peau. (Mexico.)

TRINIDAD GARCIA.

2279. — 20. Sulfate de cuivre. (Mexico.)

ANTONIO AJURIA.

2280. — 21. Sulfate de cuivre. (Mexico.)

J. ALDAMO TELLO.

2281. — 22. Sirop des Indes, 1 échant. (Leon, Guanajuato.)

DOCTEUR CASILLAS.

2282. — 23. Vin de noyer, 1 échant. (San Luis de la Paz Guanajua`·`)

HIDALGO (Gouv. de).

2283. — 24. Collection de 74 échantillons de plantes médicinales
indigènes. (Localités diverses.)

POCHUCA ET REAL DEL MONTE (Compagnie de).

2284. — 25. Soude caustique, chlorure de sodium. (Pochuca,
Hidalgo.)

EUSTIQUIO MURILLO.

2285. — 26. Pepsine, 1 échant.
2286. — 26. Bicarbonate de soude, 1 échant.
2287. — 26. Soude carbonique, 1 échant.
2288. — 26. Sel d'ammoniaque, 1 échant. (Teuchitlan, Jalisco.)

ALEXANDRE TORRES.

2289. — 27. Acide citrique médicinal, 1 échant.

JALISCO (Gouv. de).

2290. — 28. Savon.

JUAN J. MATUTE.

2291. — 29. Goudron. (Jalisco.)

MORELOS (Gouv. de).

2292. — 30. Collection de plantes médicinales indigènes, 100 échant.
essence de Sinaloé. (Morelos.)

MICHOACAN (Gouv. de).

2293. — 31. Collection de plantes médicinales indigènes, 39 échant. (La Piedad, Tacámbaro, Jiquilpan, Puruándiro, Huetamo, Maravatió. Coalcoman.)

2294. — 31ª. Savon. (Zamora, Maravatió.)

MEXICO (Gouv. de l'État de).

2295. — 32. Sirop de maguey (agave). (Otumba.)

VALENTIN RIVERO.

2296. — 33. Sulfate de fer, 1 échant. (Monterey, Nuevo Leon.)

ZAMBRANA FRÈRES.

2297. — 34. Cirage. (Monterey, Nuevo Leon.)

OAXACA (Gouv. de).

2298. — 35. Collection de plantes médicinales indigènes, 4 échant. (Tuxtepec.)

2299. — 35ª. Savon. Une bouteille de mélange médicinal. Nochistlan.)

2300. — 36. Spécifique pour maux de dents, 1 échant. (Tlaxiaco.)

JUAN J. ROLDAN.

2301. — 37. Poudres effervescentes, 1 échant. (Tlaxiaco.)

ECHEVERRIA FRÈRES.

2302. — 38. Sel (chlorure de sodium), 1 échant.

2303. — 38ª. Sel commun, 6 échant., 3 croix de sel. (Tehuantepec).

PUEBLA (Gouv. de).

2304. — 39. Collection de plantes médicinales indigènes, 216 échant. (Cholula, Caltepec, Tochimiles, Epatlan, Ajalpan, Libres, Tuzamapa, Tenanpulco, Zongozatle, Zaquiapan, Cuautempan, Zécapoaxtla, Coetzalan, Xochiapulco, Eloxochitlan, Morelos, Quimiatlan, Chalchicomula, Aljojuca, Tlachichuca, Chichiquila, El Seco, Malpais, Toltepec, Zopotitlan, Coyomeapan, Chilac.)

PUEBLA (Gouv. de).

2305. — 39ª. Huile de goudron, savon. (Puebla.)

MIGUEL VILLEGAS.

2306. — 40. Spécifiques, 3 échant. (Puebla.)

IBAÑEZ ET LAMARQUE.

2307. — 41. Pastilles de lichen, 1 échant.

2308. — 41ª. Hydrophosphate de chaux, 1 échant.

2309. — 41ᵇ. Sirop de lactophosphate de chaux, 1 échant.

2310. — 41°. Phosphate de chaux, 2 échant.
2311. — 41ᵈ. Eau de colonie, 1 échant.
2312. — 41°. Emplâtres, 1 échant.
2313. — 41ᶠ. Baume (alerroniano), 1 échant.
2314. — 41ᵍ. Vin peptique de Ibañez, 1 échant.
2315. — 41ʰ. Pastilles de santonine, 1 échant.
2316. — 41ⁱ. Sulfate de magnésie, 1 échant.
2317. — 41ʲ. Sulfate de fer, 1 échant.
2318. — 41ᵏ. Sulfate de zinc médicinal, 1 échant.
2319. — 41ˡ. Vin de quinquina, 1 échant. (Puebla.)

SINALOA (Gouv. de).

2320. — 42. Cantharides, 1 échant. (Hacienda de Pericos.)

SAN LUIS POTOSI (Gouv. de).

2321. — 43. Sel commun, savon. (Guadalcazar.)

TÉPIC (Territoire de).

2322. — 44. Savon.

VERA CRUZ (Gouv, de).

2323. — 45. Collection de plantes médicinales indigènes, 3 échant.
(Chicomanuel, Rancho Trinidad

YUCATAN (Gouv. de).

2324. — 46. Collection de plantes médicinales indigènes.

FÉLIX MARTINEZ ESPINOSA.

2325. — 47. Substances médicinales. (Merida.)

BENIGNO PALMA.

2326. — 48. Sel en cristaux.

ZACATECAS (Gouv. de).

2327. — Savon d'huile de figuier

CLASSE 46 (*Néant*)

CLASSE 47
Cuirs et Peaux.

AGUASCALIENTES (Gouv. de).
2327 bis. — 1. Vachette de couleur. (Aguascalientes.)

FELIPE R. CHANG.

> **2327 ter.** — 2. Zuelas de cuir. (Aguascalientes.)
> **2328.** — 2ª. Peaux de génisse. (Idem.)
> **2329.** — 2ᵇ. Basane. (Idem.)
> **2330.** — 2ᶜ. Peaux de chamois. (Idem.)
> **2331.** — 2ᵈ. Vernis ordinaire. (Idem.)

COLIMA (Gouv. de).

> **2332.** — 3. Matières à tanner. (Colina.)

COAHUILA (Gouv. de).

> **2333.** — 4. Peaux de chamois. (Saltillo.)

PROSPERO VALDES.

> **2334.** — 5. Album de peaux. (Saltillo.)

CHIAPAS (Gouv. de).

> **2335.** — 6. Peaux de chamois. (District du Centre.)

REYNAUD ET SALLES.

> **2336.** — 7. Soixante-trois échantillons assortis de vachettes vernies,
> noires, cuirs imprimés (zuela), basanes (silleros),
> cuir (timbre), cuir à bordure, cuir de cheval, maro-,
> quin, basane d'agneau, cuir (imitation, anglais),
> chèvre. (District fédéral.)

A. PICHARDO ET Cie.

> **2337.** — 8. Chagrin (sillero), (zuela). (Mexico.)

LOUIS AUBERY.

> **2338.** — 9. Veaux. (Mexico.)
> **2339.** — 9ª. Peaux de chèvres fines. (Idem.)
> **2340.** — 9ᵇ. Vachette. (Idem.)
> **2341.** — 9ᶜ· Vernis. (Idem.)

DURANGO (Gouv. de).

> **2342.** — 10. Peaux de chevreaux, genisse, veau, vachette, chamois,
> vernis, cuirs salés, basanes. (Durango.)

JOSÉ-URRUTIA.

> **2343.** — 11. Vingt-deux échantillons de vachettes, chamois, peaux
> vernies, chevreaux et basanes. (San Luis de la Paz.
> Guanajuato.)

FÉLIX PEINADO.

> **2344.** — 12. Deux échantillons de basanes. (San José. Iturbide.)

MARCELINO ESQUIVEL.

 2345. — 13. Deux échantillons de basanes. (San José, Iturbide. Guanajuato.)

HIDALGO (Gouv. de).

 2346. — 14. Chamois. (Actopam.)

EMETERIO-ZERON.

 2347. — 15. Chamois corroyés. (Actopam.)

JUAN I. MATUTE.

 2348. — 16. Huit échantillons, chagrin vernis, cuirs de cerf, de cochon et de veau. (1er canton). (Jalisco.)
 2349. — 16a. Matières tannantes. (Guadalajara, Ameca, Autlan.)

JALISCO (Gouv. de).

 2350. — 17. Matières tannantes. (Diverses localités.)

MICHOACAN (Gouv. de).

 2351. — 18. Peaux et cuirs salés. (Huetamo.)
 2352. — 18a. Peaux de veaux. (Zinapécuaro.)
 2353. — 18b. Chevreaux. (Puruándiro.)
 2354. — 18c. Chamois et basanes. (Huetamo.)
 2355. — 18d. Cuir corroyé. (Puruándiro.)
 2356. — 19. Matières tannantes.

EUSTAQUIO CANDORY.

 2357. — 20. Chevreaux (6 échant.). (Monterey.)

OAXACA (Gouv. de).

 2358. — 21. Peaux de bœuf. (Juquila.)
 2359. — 21a. Peaux d'agneau. (Idem.)
 2360. — 21b. Matières tannantes. (Idem.)

PUEBLA (Gouv. de).

 2361. — 22. Échantillons assortis de vachette (Zuela), zuela rouge, maroquins, veaux vernis, chevreaux, basanes, chamois, vernis. (Tetela, Puebla, Chalchicomula, Acatlan, Zacatlan.)
 2362. — 22a. Matières tannantes. (Tehuacan.)

ANASTASIO JARAMILLO.

 2363. — 23. Soixante-quatorze échantillons de basanes, pour ganterie, maroquins, chevreaux, chamois et vachettes.

LORENZO J. OSORIO ET Cie.

    2364. — 24. Dix-neuf échantillons de peaux de veau, chèvre fine, chagrin. (Puebla.)

SERAPIO GOMEZ.

    2365. — 25. Sept échantillons de peaux de chamois. (Cadereyta.)

SAN LUIS POTOSI (Gouv. de).

    2366. — 26. Peaux diverses.

    2367. — 26ª. Quatorze échantillons vachette, génisse, veau, basane, chamois. (Semelles.)

    2368. — 26ᵇ. Matières tannantes. (San Luis.)

SINALOA (Couv. de).

    2369. — 27. Cuirs, chevreau, veau, vachette.

J. B. CHISSEN.

    2370. — 28. Vachette. (Guaymas.)

    2371. — 28ª. Matières tannantes. (Idem.)

JUAN B. CASTAÑOS.

    2372. — 29. Onze échantillons vachette, génisse, veau. (Tula, Tamaulipas.)

FRANCISCO RAMIREZ.

    2373. — 30. Dix échantillons vachette, génisse. (Tula.)

SERAPIO DE LA GARZA.

    2374. — 31. Vachettes (3 échant). (Tula.)

VERACRUZ (Gouv. de).

    2375. — 32. Chevreaux. (Jalapa.)

    2376. — 32ª. Chamois. (Idem.)

    2377. — 32ᵇ. Vachettes. (Idem.)

    2378. — 32ᶜ. Timbre. (Idem.)

    2379. — 32ᵈ. Cuir corroyé. (Idem.)

YUCATAN (Gouv. de).

    2380. — 33. Vingt-quatre échantillons cuirs taureau, vache, cerf et vachette.

    2381. — 33ª. Bandes de cuir.

    2382. — 33ᵇ. Matières tannantes.

ZACATECAS (Gouv. de).

    2383. — 34. Trois échantillons de peaux d'agneau. (Pinos, Ojocaliente.)

    2384. — 34ª. Chamois. (Idem.)

    2385. — 34ᵇ. Matières tannantes. (Zacatecas.)

GROUPE VI

OUTILLAGE ET PROCÉDÉS DES INDUSTRIES MÉCANIQUES.
ÉLECTRICITÉ.

CLASSE 48
Matériel de l'exploitation des mines et de la métallurgie.

ÉTAT DE HIDALGO (Gouv. de l').

2386. — 1. Modèle d'une Hacienda de bénéfice. (Hidalgo, Pachuca.)

FLORES JUAN.

2387. — 2. Coupelle pour essayer les métaux. (Nuevo Leon, Capitale.)

QUINTANILLA FRANCISCO.

2388. — 3. Coupelles. (Nuevo Leon, Capitale.)

ROCHA PEDRO.

2389. — 4. Coupelles. (Nuevo Leon, Capitale.)

ÉTAT DE PUEBLA (Gouv. de l').

2390. — 5. Photographies de trois mines. (Puebla, Tepeyahualco.)

ALVARADO-JOSE Mª.

2391. — 6. Trois plans de mines. (San Luis Potosi, Capitale.)

MAISON DE MONNAIE DE L'ÉTAT.

2392. — 7. Modèle ancien de volant. (Zacatecas, Capitale.)

ÉTAT DE ZACATÉCAS (Gouv. de l').

2393. — 8ª. Malacate, généralement employé dans les puits, avec garniture complète, bottes imperméables pour l'eau, sacs pour l'extraction du minerai, cordage pour la montée et la descente des mineurs (Zacatécas, Capitale.)

2394. — 8ᵇ. Lavoir à deux cuves pour le lavage du minerai, reproduit à 1/5 de la grandeur naturelle, et généralement employé dans la Hacienda de bénéfice de l'État. (Zacatécas, Capitale.)

2395. — 8ᶜ. Fourche, mèche, cuillers, cornes, cordages, ciseaux à un .et deux tranchants, hachette, petites cuillers d'acier, barre de fer, château de malacate, barres de fer, étançon, étai, anneau fermé, rampe, fourchettes, tirants, trois échelles à talon, trois échelles sans talon, trois échelles, trois poutres de charpente, emboîtures, tablier de cuir pour l'extraction des métaux, sacs de cuir pour porter le minerai, moulin, crible à métaux. (Zacatécas, Capitale.)

CLASSE 49
Matériel et procédés d'exploitation rurale et forestière.

ÉTAT DE COAHUILA (Gouv. de l').

2396. — 1ª. Pioche à creuser la terre. (Coahuila, Saltillo.)

2397. — 1ᵇ. Fer charrue pour labour. (Idem.)

HUERTA ANTONIO.

2398. — 2. Machine à extraire l'eau de miel. (Guanajuato, San Luis de la Paz.)

ARAUJO LUIS G.

2399. — 3. Modèle de charrue mexicaine. (Jalisco, Lagos.)

ÉTAT DE MORELOS (Gouv. de l'.

2400. — 4ª. Instruments aratoires. (Morelos, Miacatlan.)

2401. — 4ᵇ. Machete de forêt. (Morelos, Tetecala.)

ACEDO ANGEL.

2402. — 5. Charrue, accessoires. (Puebla, Capitale.)

ÉTAT DE TLAXCALA (Gouv. de l').

2403. — 6. Charrue. (Puebla, Capitale.)

ACEDO ET RIVERA (frères).

2404. — 7. Instrument à vanner le maïs. (Tlaxcala, Panzacola.)

CHAVARRIA RAFAEL.

2405. — 8. Hache d'agriculture. (Yucatan, Sotuta.)

ÉTAT DE YUCATAN (Gouv. de l').

2406. — 9ª. Machine à râper le hennequén. (Yucatan, Merida).

2407. — 9ᵇ. Machete, couteau de forêt. (Yucatan, Merida.)
2408. — 9ᶜ. Charrue pour labourer. (Idem.)
2409. — 9ᵈ. Hache. (Idem.)

CLASSE 50
Matériel et procédés des usines agricoles et des industries alimentaires.

PAEZ TOMAS.

2410. — 1. Moulin à farine de maïs. (Nuevo Leon, Monterey.)

BARRETO GRÉGORIO.

2411. — 2. Bonde hydraulique de sûreté, pour futailles de vin et de bière. (Puebla, San Nicolas.)

ÉTAT DE PUEBLA (Gouv. de l').

2412. — 2ª. Métate et metlapil, moulins à moudre le maïs. (Puebla, Capitale.)
2413. — 3ᵇ. Molcajette et temolote (machines à triturer). (Idem.)

ACEDO ET RIVERA (frères).

2414. — 4. Moulin pour farine de maïs. (Tlaxcala, Panzacolo.)

ÉTAT DE YUCATAN (Gouv. de l').

2415. — 5. Machines à triturer. (Yucatan.)

CLASSE 51 *(Néant)*

CLASSE 52
Machines et appareils de mécanique générale.

CÉSAR-JOSÉ Mª.

2416. — 1. Moteur à vapeur pour travail rapide. (District fédéral.)

CHARRETON (frères.)

2417. — 2. Hélice avec arbre de couche, tube et coude. (Idem.)

DANTAN et Cie.

> **2418.** — 3ª. Robinets pour bains. (District fédéral.)
> **2419.** — 3ᵇ. Robinets. (Idem.)

LESSANCE AMADEO.

> **2420.** — 4. Deux courroies de transmission. (District fédéral.)

REYNAUD ET SALLES.

> **2421.** — 5. Courroies de transmission de 12, 8, 5 1/2, 4 et 2 pouces anglais. (District fédéral.)

GUERRE (Secrétariat de la).

> **2422.** — 6. Clé de chaudière à vapeur.
> **2423.** — 6. Onze pignons de machine, droits et coniques de bronze et de fer.
> **2424.** — 6. Cône de fer pour transmission.
> **2425.** — 6. Pièce de bois pour tambour de transmission. (District fédéral.)

FERRERIA DE COMANJA.

> **2426.** — 7. Roues à engrenage pour moulin à sucre. (Jalisco.)

CLASSE 53
Machines et outils.

GUERRE (Secrétariat de la).

> **2427.** — 1ª. Machine à cartouches. (District fédéral.)
> **2428.** — 1ᵇ. Machine à rayer les canons. (Idem.)
> **2429.** — 1ᶜ. Machine universelle pour atelier. (Idem.)

ESPARZA ISAAC J.

> **2430.** — 2. Perforatrice pour métaux et bois. (Nuevo Leon, Monterey.)

TAMEZ ENRIQUE.

> **2431.** — 3. Machine à isoler le fil de fer. (Nuevo Leon, Monterey.)

ÉTAT (Gouv. de l').

> **2432.** — 4ª. Meules à aiguiser 1ª classe. (Puebla, Tehuacan.)
> **2433.** — 4ᵇ. Meules à aiguiser 2ª classe. (Idem.)
> **2434.** — 4ᶜ. Meules à aiguiser 3ª classe. (Idem.)
> **2435.** — 4ᵈ. Meules à aiguiser 3ª classe. (Idem.)

TENA HILARIO.

> **2436.** — 5. Presse à copier. (San Luis Potosi.)

CLASSE 54
Matériel et procédés de la filature et de la corderie.

ÉTAT (Gouv. de l').

 2437. — 1. Machine à apprêter et tisser les fils. (Chiapas.)
 2438. — 2. Quatre cordes de campagne. (Guerrero.)

HUERTA ANTONIO.

 2439. — 3. Cordes en fibres de maguey (agave). (Guanajuato, San Luis de la Paz.)

ÉTAT (Gouv. de l').

 2440. — 4. Douze cordes de campagne. (Hidalgo.)
 2441. — 5. Quatre lacets fibres de maguey. (Michoacán.)

GARCIA BARREDA M.

 2442. — 6. Machines spéciales pour fibres végétales, trois modèles diverses grandeurs avec plate-forme. (Nuevo Leon, Capitale.)

ÉTAT (Gouv. de l').

 2443. — 7. Deux lacets (lazos) de campagne, dix-sept cordes ordinaires, trois lacets, corde de maguey.
 2444. — 8. Dix cordes, diverses classes, cordonnet, deux ceintures, échantillons de filaments. (Puebla.)
 2445. — 9. Corde, cordonnet, ficelle. (Querétaro.)
 2446. — 10. Six cordes hennequén, deux cordes zapupe. (Veracruz.)
 2447. — 10^b. Cinq cordons zapupe. (Idem.)
 2448. — 11^a. Cinq cordes diverses grandeurs. (Yucatán.)
 2449. — 11^b. Quatre cordes hennequén. (Idem.)
 2450. — 11^c. Deux échantillons cordonnet fin et gros. (Idem.)
 2451. — 12. Une corde. (Zacatecas.)

MATUTE JUAN J.

 2452. — 13. Corde, fibre de maguey. (Zacatecas, Ameca.)

CLASSE 55
Matériel et procédés du tissage.

CHAVEZ JUAN.

 2453. — 1. Navette pour tisser. (Aguascalientes, Capitale.)

ÉTAT (Gouv. de l').

 2454. — 2. Métier à tisser, primitif. (Guerrero, Tlacuachistlahuaca.)

2455. — 3ª. « Malacate » pour tisser la laine. (Puebla, Choapan.)
2456. — 3ᵇ. Métiers à tisser primitifs pour laine et coton. (Idem.)
2457. — 4. Deux métiers à tisser primitifs. (Oaxaca, Ojitlan.)

CLASSE 56

Matériel et procédés de la couture et de la confection de vêtements.

RAMIREZ LEANDRO.

2458. — 1. Machine à coudre « la Mexicaine ». (Zacatecas, Capitale.)

CLASSE 57 *(Néant)*.

CLASSE 58

Matériel et procédés de la papeterie, des teintures et des impressions.

ÉTAT (Gouv. de l').

2459. — 1. Pierre lithographique brute. (Puebla, Zacatlán.)

CLASSE 59

Machines, instruments et procédés employés pour travaux divers.

PUGIBET ERNESTO.

2459 bis. — 1. Appareil pour la fabrication des cigarettes avec le tabac en filaments. (District fédéral.)

CLASSE 60

Carrosserie et Charronnage, Bourrellerie et Sellerie.

ÉTAT DE COAHUILA (Gouv. de l').

2460. — 1. Frein, brides, arçons. (Coahuila.)
2461. — 2. Un jeu de brides de crin. (Chiapas.)

AGUILAR MARIANO.

2462. — 3ᵃ. Quatre paires éperons, six bridons, six arçons.

2463. — 3ᵇ. Selle brodée argent et or avec bridons, brides, freins.
(District fédéral.)

DISTRICT FÉDÉRAL (Comité du).

2464. — 4ᵃ. Selle brodée de pita, avec brides, bridons, frein. (District fédéral.)

2465. — 4ᵇ. Trois brides de crin, deux arçons. (Idem.)

LOZANO DAVID.

2466. — 5ᵃ. Selle brodée pita et or, chaparreras brodées.

2467 — 5ᵇ. Bridons, brides, freins. (District fédéral.)

OLMEDO FERMIN.

2468. — 6. Quatre arçons. (District fédéral.)

PICHARDO ET Cie.

2469. — 7. Harnais ornés d'argent. (District fédéral.)

REYNAUD ET SALLES.

2470. — 8. Harnais ornés d'argent. (District fédéral.)

RODRIGUEZ DIONISIO.

2471. — 9. Collection de 19 arçons. (District fédéral.)

RUIZ MANUEL.

2472. — 10ᵃ. Selle brodée or et argent, bridons. (District fédéral.)

2473. — 10ᵇ. Selle brodée or et pita, bridons. (Idem.)

2474. — 10ᶜ. Selle ordinaire. (Idem.)

2475. — 10ᵈ. Selle ordinaire brodée de pita. (Idem.)

GUERRE (Secrétariat de la).

2476. — 11. Six garnitures de harnachement, ferrures nickelées.
(District fédéral.)

INSPECTION RURALE.

2477-2478. — 12ᵃ. Selle brodée, bleue, argent et or, avec bridons.
Santiago Alvarado, fabricant. (District fédéral.)

2479. — 12ᵇ. Selle lisse avec collier, brides, bridons. Santiago
Alvarado, fabricant. (Idem.)

ÉTAT (Gouv. de l').

2480. — 13. Deux martingales, un licou. (Durango, Capitale.)

OLAGARAY JUAN B.

2481. — 14ᵃ. Selle brodée argent. (Durango, Capitale.)

2482. — 14ᵇ. Selle pour dame. (Idem.)

ÉTAT (Gouv. de l').

2483. — 15ᵃ. Une paire éperon, frein avec brides, bridon, sous-ventrière de cheval, licou, bridon de cerda, deux cordes.
(Guanajuato.)

2484. — 16. Cinq cuanxtles pour harnais. (Guerrero.)

2485. — 17. Quatre petits paillassons en coco pour cheval. (Hidalgo.)

2486-2487. — 18. Quatre licous de cerda. (Jalisco)

GONZALEZ IGNACIO ET Cie.

2488-2489. — 19ᵃ. Fontes de selle.

2490. — 19ᵇ. Atanea, bât, sous-ventrière. (Tepic.)

LUNA SECUNDINO.

2491. — 20. Fontes cuir. (Guadalajara.)

MATUTE JUAN J.

2492. — 21ᵃ. Deux étrilles, licou de pita. (Guadalajara.)

2493. — 21ᵇ. Trois paires étriers ordinaires. (Idem.)

VERGARA GENARO.

2494. — 22. Un frein. (Guadalajara.)

ÉTAT (Gouv. de l').

2495. — 23ᵃ. Quatre cordes fibres de maguey (agave). (Michoacán.)

2496. — 23ᵇ. Quatre cordes. (Idem.)

2497. — 24. Trois licous cerda, un licol cerda. (Morelos,)

2498. — 25ᵃ. Un cordonnet en fil, trois martingales. (Oaxaca.)

2499. — 25ᵇ. Six licous cerda. (Idem.)

2500. — 26. Trois cordes, deux paillassons de coco pour cheval,
blancs et rouges, cordes de palmier, licou de lechuguilla, un chaparreras, une paire éperons, gants,
cordes, brides, bridon, martingale, frein, brides,
fonte, gants, licou de cerda, arçons argentés, frein.
bride, éperons argentés, fontes à pistolets brodés,
licous. (Puebla, Capitale.)

JUAREZ JUAN.

2501. — 27. Selle brodée cuir, brides, bridons, éperons, licous.
(Puebla, Capitale.)

ÉTAT (Gouv. de l').

2502. — 28. Deux lacets, licous, deux manteaux, deux musettes,
deux arçons. (Queretaro.)

2503. — 29. Deux mantelets. (San Luis Potosi.)

TENA HILARIO.

2504. — 30. Essieu d'acier, boîte de bronze. (San Luis Potosi.)

ROSADO DESIDERIO.

2505. — 31. Paniers en ixtle. (Tabasco, Comalcalco.)

ÉTAT (Gouv. de l').

2506. — 32. Deux bidons, deux martingales ixtle, deux musettes pour cheval, deux manteaux, deux arçons. (Tamaulipas.)

2507. — 33. Corde pour harnais, bridon, faux bridon, brides, traits, cordes diverses. (Yucatán.)

2508. — 34. Licous en ixtle et cerda, moyeux de charrettes et voitures, volée, ferrures de chariot, rais de roues de voitures, jantes, deux freins ordinaires, un frein demi-luxe, un frein de luxe. (Zacatécas.)

CLASSE 61
Matériel de Chemin de fer.

NATIONAL MEXICAIN (Cie du chemin de fer).

2509. — 1. 34 photographies du chemin de fer. (District fédéral.)

CENTRAL MEXICAIN (Cie du chemin de fer).

2540. — 2. Plans, profils et albums de ses travaux d'art. (District fédéral.)

SINALOA A DURANGO (Cie du chemin de fer).

2541. — 3. Albums, plans et profils. (District fédéral.)

VERA-CRUZ A ALVARADO (Cie du chemin de fer de).

2542. — 4. Plans et profils. (District fédéral.)

FOMENTO (Ministère de).

2543. — 5ᵃ. Plans et photographies des ponts du chemin de fer mexicain. (Mexico à Vera Cruz, District fédéral.)

2544. — 5ᵇ. Modèle de voie ferrée pour le transport des navires dans l'isthme de Tehuantepec. (District fédéral.)

2545. — 5ᶜ. Plans et profils du chemin de fer de Hildago. (Idem.)

2546. — 5ᵈ. Plans et profils du chemin de fer de Toluca à San-Juan. (Idem.)

DÉPUTATION DES MINES (Présidence de la).

2547. — 6. 20 photographies du chemin de fer de Minas Viejas. (Nuevo Leon, Villaldama.)

MERIDA A PETO (Cie du chemin de fer de).

2518. — 7. Album. (Yucatan, Merida.)

CLASSE 62
Électricité.

ACEDO ANGEL.

2519. — 1. Dynamo pour lumière électrique. (Puebla, Capitale.)

ESTRADA FRANCISCO.

2520. — 2ª. Recepteur télégraphique. (San Luis Potosi, Capitale.)

2521. — 2ᵇ. Récepteur rapide polarisé. (Idem.)

2522. — 2ᶜ. Un rhéostat. (Idem.)

SANDOVAL ENRIQUE.

2523. 3. Téléphone de cordelet. (Zacatécas, Capitale.)

CLASSE 63
Matériel et procédés du génie civil de travaux publics et de l'architecture.

ETAT (Gouv. de l').

2524. — 1. 3 échantillons de meulière et 1 de chaux. (Aguasca-lientes.)

2525. — 2. Une chape. (Coahuila.)

CHARRETON FRÈRES.

2526. — 3. 2 pièces de fonte pour balcon et une d'ornement. (District fédéral.)

FOMENTO (Ministère de).

2527. — 4ª. Monument à Guauhtemoc a à 1/10. (District fédéral.)

2528. — 4ᵇ. Monument à Hildago à 1/10. (Idem.)

2529. — 4ᶜ. Projet d'un pavillon pour l'exposition mexicaine (Salazar). (District fédéral.)

2530. — 4ᵈ. Projet d'un édifice d'exposition avec texte explicatif. (Peñafiel et Anza. District fédéral.)

DESSÉCHEMENT DE LA VALLÉE DE MEXICO (Comité-directeur du).

2531. — 4ᵉ. Album contenant 23 dessins se rapportant au projet général. (District fédéral.)

TELLEZ PIZARRO.

2532. — 5. 6 pierres de circuit. (District fédéral.)

YRAZABAL IGNACIO.

2533. — 6. Carreaux terre cuite. (Durango, Capitale.)

ÉTAT (Gouv. de l').

2534. — 7. Collection variée de matériaux de construction. (Guanajuato, Capitale.)

LIRA J. M.

2535. — 8. 5 pierres d'ornement. (Guanajuato, Capitale.)

CHAUX HYDRAULIQUE (Cie manufacturière de).

2536. — 9. Blocs de ciment. (Hidalgo, Tula.)

CORCUERA MANUEL.

2537. — 10. Pièces fondues. (Jalisco, 4ᵉ canton.)

ÉTAT (Gouv. de l').

2538. — 11. Carreaux et ornements, terre cuite. (Jalisco, 4ᵉ canton.)

MATUTE JUAN.

2539. — 12. 2 chapes, 1 échantillon de chaux et carreaux. (Jalisco,
4ᵉ canton, Lagos.)

RINCON GALLARDO.

2540. — 13. 10 échantillons de pierres et carreaux de pavage. (Jalisco, 4ᵉ canton, Lagos.)

ÉTAT (Gouv. de l').

2541. — 14. Meulière, carreaux, terre cuite. (Michoacán.)

GALLEGOS MANUEL.

2542. — 15. Ouvrage traitant d'inventions nouvelles. (Morelos.)

REYES JOAQUIN.

2543. — 16. Serrure de son invention. (Nuevo Leon, Monterey.)

ÉTAT (Gouv. de l').

2544. — 17. Briques, tuiles et carreaux. (Oaxaca.)

RAMIREZ FRANCISCO.

2545. — 18. Balance romaine. (Oaxaca, Capitale.)

TRÁPAGA, ZANILLA JOSÉ.

2546. — 19. 6 photographies de Vistahermosa. (Oaxaca, Etla.)

ÉTAT (Gouv. de l').

    2547. — 20ᵃ. Balance romaine, poids. (Puebla, Capitale.)

    2548. — 20ᵇ. 4 échantillons, marbre commun, carreaux de faïence colorés, tuiles, chaux, carreaux de carrelage, 2 vases de terre. (Puebla, Capitale.)

PAVON MIGUEL.

    2549. — 21. Carreaux de faïence bleus. (Puebla, Tehuacán.)

VEGA GABINO.

    2550. — 22. Une pierre d'ornement. (Puebla, Capitale.)

ÉTAT (Gouv. de l').

    2551. — 23. Sable et chaux. (Vera-Cruz.)

PORT DE VERACRUZ (Entreprise des travaux du).

    2552. — 24. Mortiers employés pour les blocs. (Vera-Cruz.)

ÉTAT DE ZACATECAS (Gouv. de l').

    2553. — 25. 193 échantillons de matériaux de construction. (Zacatecás.)

(Voir le catalogue du Groupe V, classe 41 pour les matériaux de construction.)

CLASSE 64

Hygiène et Assistance publique.

ÉTAT (Gouv. de l').

    2554-2555. — 1. 1 bouteille eau cristallisée, 2 bouteilles source de de « Julines », 2 « Ojuelos », 2 Jabali, 2 « Ojoscalientes », 2 « Ojo Salado ». (Chihuahua.)

SAMANIEGO MARIANO (Docteur).

    2556. — 2. Eau de source minérale « Ojo del Lucero ».

    2557. — 2ᵃ. Eau de source minérale « Ojo de San-José ». (Chihuahua.)

BOUSLON ALFREDO.

    2558. — 3. 6 siphons eau de Seltz. (District fédéral.)

CARBAJÁL (Docteur).

    2559. — 4. Masque hygiénique et antiseptique. (District fédéral.)

J. LATISNÈRE (Docteur).

> **2560.** — 5. 5 siphons eau de Seltz. (District fédéral.)

LICEAGA EDUARDO (Docteur).

> **2561.** — 6. 12 siphons et 12 bouteilles, eaux ferrugineuses naturelles. (District fédéral.)

SECRÉTARIAT DE LA GUERRE.

> **2562.** — 7. Sacs de ration pour brancardiers, havresacs, brancards, etc. (District fédéral.)

ÉTAT (Gouv. de l').

> **2563.** — 8. 12 flacons eaux minérales et 1 philtre de pierre. (Michoacair.)
>
> **2564.** — 9. 11 flacons eaux minérales. (Morelos.)

ÉTAT (Gouv. de l').

> **2565.** — 10ª. Plan de l'hôpital « La caridad de niños ». (Puebla.)
>
> **2566.** — 10ᵇ. Plan de l'hôpital général de l'État. (Idem.)
>
> **2567.** — 10ᶜ. Plan de l'hôpital des aliénés (hommes). (Idem.)
>
> **2568.** — 10ᵈ. Plan de l'hôpital des aliénés (femmes.) (Idem.)
>
> **2569.** — 10ᵉ. Plan de l'établissement pénitentiaire. (Idem.)
>
> **2570.** — 10ᶠ. Bouteilles d'eau ferrugineuses, calcaires, sulfureuses, et minérales. (Puebla.)

GUERRERO FRANCISCO.

> **2571.** — 11. 1 Calefacteur économique. (Puebla.)

HOSPICE DES PAUVRES.

> **2572.** — 12. 2 plans de l'établissement à 1/200, une vue photographique et un mémoire. (Puebla.)

MATERNITÉ.

> **2573.** — 13. 2 plans de l'établissement à 1/200, 4 photographies et un mémoire. (Puebla.)

HOSPICE.

> **2574.** — 14. Histoire, règlements et photographies. (Jalisco, Guadalajara.)

ROSALES DESIDERIO.

> **2575.** — 15. Eau minérale de la source « Azufre ». (Tabasco, Teapa.)

CLASSE 65

Matériel de navigation et sauvetage.

VIGIL PEDRO.

2576. — 1. Sonde électrique. (District fédéral.)

PORT DE VERA-CRUZ (Entreprise des travaux du).

2577. — 2. 1 plan général et 8 plans détaillés. (Vera-Cruz.)

CLASSE 66

Matériel et procédés de l'art militaire.

SECRÉTARIAT DE LA GUERRE (District fédéral.)

2578. — 1a. 12 fusils Reminghton avec baïonnettes (calibre 11mm.)
2579. — 1b. 2 fusils Reminghton, sans baïonnettes (calibre 9mm.)
2580. — 1c. 1 carabine de cavalerie (calibre 43).
2581. — 1d. 1 carabine d'artillerie (calibre 43).
2582. — 1e. 1 carabine d'artillerie (calibre 50).
2584. — 1f. Munitions pour les armes ci-dessus indiquées.
2585. — 1g. Une caisse contenant modèles à 2/5 des fusils Gras, Reminghton, Martini, Henry et Maüser.
2586. — 1h. Grenades de fer pour canons rayés de 12 à 7 et un canon de 80mm, système Bange.
2587. — 1i. Tubes de laiton pour cartouches de fusils et différents calibres.
2588. — 1j. 1 jeu de 4 appareils pour matériel de canons de montagne 80mm.
2589. — 1k. 2 Affûts lame d'acier, modèles de 1886 et 1887, réformés pour canon Bange de 80mm avec son jeu d'armes.
2590. — 1l. 1 modèle au 1/5 du modèle d'affût de 1887, réformé pour canon de 80mm (S. D. B.) avec jeu d'armes.
2591. — 1m. 1 modèle au 1/5 du canon de montagne avec son affût (S. D. B.)
2592. — 1n. 6 grenades (système français) à 1/5 pour le modèle à 1/5 (S. D. B.)
2593. — 1o. 6 garnitures de harnachements (modèle mexicain) pour l'artillerie de campagne.
2594. — 1p. Modèle de chariot de 1/10 (demi-transport).
2595. — 1q. Machine à rayer les canons.

2596. — 1ʳ. Machine à amorcer les cartouches métalliques.
2597. — 1ˢ. Machine universelle d'atelier.
2598. — 1ᵗ. Uniformes, équipements et harnachements de l'armée.

ÉTAT (Gouv. de l').

2599. — 2. Un sabre macheton. (Yucatan.)

GROUPE VII
PRODUITS ALIMENTAIRES

CLASSE 67
Céréales, produits farineux avec leurs dérivés.

AGUASCALIENTES (Gouv. de).

2600. — 1. Maïs, orge, blé, farine.

BASSE-CALIFORNIE. (Ryerson Jorge.)

2601. — 2. Blé, farine.

CHIAPAS (Gouv. de).

2602. — 3. Maïs, riz, farine.

CHIHUAHUA (Gouv. de).

2603. — 4. Maïs, blé, orge, farine, farine de maïs, pâtes pour potages, amidon.

COAHUILA (Gouv. de).

2604. — 5. Maïs, farine.
2605. — 6. Blé, farine. (Madero et Cie.)
2606. — 7. Amidon et farine. (Rivero Valentin, Saltillo.)
2607. — 8. Alpiste. (Valdes Santos, Saltillo.)

COLIMA (Gouv. de).

2608. — 9. Maïs.
2609. — 10. Riz pur et en garance. (Harivel et Cie.)

DISTRICT FÉDÉRAL. (Secrétariat de l'Intérieur.)

2610. — 11. Maïs, riz, blé, orge, farine, fécule de pommes de terre.

DISTRICT FÉDÉRAL (Gouv. du).

2611. — 12. Farine, orge, blé, amidon, pâtes pour potages.
2612. — 13. Maïs, blé, riz, orge, alpiste, tiges de céréales. Ecole nationale d'agriculture.)

DURANGO (Gouv. de).

2613. — 14. Maïs, blé, orge, alpiste, lin, farine, farine de maïs, fécule de pommes de terre.

DURANGO. (Diaz Cesáreo.)

2614. — 15. Blé et farine.
2615. — 16. Maïs en épis. (Gutierez Donato.)
2616. — 17. Maïs. (Zubiria Ana J.)

GUANAJUATO (Gouv. de).

2617. — 18. Amidon.
2618. — 19. Blé. (Buso Théophile, Irapuato.)
2619. — 20. Maïs, blé, alpiste. lin. (Huerta Antonio.)
2620. — 21. Farines. (Portillo Octaviano, Leon.)

GUERRERO (Gouv. de).

2621. — 22. Riz.

HIDALGO (Gouv. de).

2622. — 23. Maïs, orge.

JALISCO (Gouv. de).

2623. — 24. Maïs, blé, riz, alpiste, farine, pâtes pour potages, pieds de céréales et de graminées.
2624. — 25. Maïs. (Cañedo frères.)
2625. — 26. Maïs, orge, riz, farine, farine de maïs, amidon. (Matute, J. Y.)
2626. — 27. Amidon. (Orozco G., Lagos.)

MEXICO (Gouv. de).

2627. — 28. Maïs, blé, orge, alpiste, lin.

MICHOACAN (Gouv. de).

2628. — 29. Blé, maïs, orge, riz pur et en épi, lin, farine, fécules de pomme de terre et chayotexcle.

MORELOS (Gouv. de).

2629. — 30. Riz, blé.

NUEVO LEON (Gouv. de).

2630. — 31. Maïs, orge, farine.

OAXACA (Gouv. de).

2631. — 32. Maïs, blé, orge, riz.

PUEBLA (Gouv. de).

2632. — 33. Blé blanc et blé noir, maïs, orge, seigle, riz pur et en branches, farine, amidons de maïs, de blé et de seigle, pâtes pour potages.

2633. — 34. Maïs. (Caballero de los Olivos, Tehuacan.)

2634. — 35. Blé. (Gonzalez Daniel, Tehuacan.)

2635. — 36. Maïs. Marron (F. de P).

2636. — 37. Blé et farine. (Maurer Serafin, Atlixco.)

2637. — 38. Fleur de farine. (Tapia J. A., Tochimilco.)

2638. — 39. Blé, maïs, orge. (Trasloheros J. M., Acajete.)

QUERETARO (Gouv. de).

2639. — 40. Maïs, blé, orge, alpiste, farine, pâtes pour potages.

SAN LUIS POTOSI (Gouv. de).

2640. — 41. Maïs, orge, riz.

SINALOA (Gouv. de).

2641. — 42. Maïs, blé, orge, riz, farine.

SONORA (Gouv. de).

2642. — 43. Maïs, blé, orge, farine, farine de maïs.

TABASCO (Gouv. de).

2643. — 44. Riz, maïs.

TAMAULIPAS (Gouv. de).

2644. — 45. Riz pur et en branches.

TEPIC (Gouv. de).

2645. — 46. Blé, maïs, riz pur et en branches.

TLAXCALA (Gouv. de).

2646. — 47. Maïs, blé.

2647. — 48. Farine (Gonzalez Gavito F.)

VERACRUZ (Gouv. de).

2648. — 49. Maïs, blé, orge, seigle, riz pur et en branches, farine et amidon de Yuca.

YUCATAN (Gouv. de).

2649. — 50. Maïs, riz, amidons de yuca et de sagou.

ZACATECAS (Gouv. de).

2650. — 51. Maïs, blé, orge, avoine, alpiste, millet, farine.

Production agricole et poids à l'hectolitre.

MAIS. — 18 à 45 hectolitres par hectare. (Pèse à l'hectolitre de 72 à 75 kilos.)

BLÉ. — 8 à 27 hectolitres par hectare. (Pèse à l'hectolitre, 78 kilos.)

ORGE. — 8 à 22 hectolitres par hectare. (Pèse à l'hectolitre de 65 à 68 kilos.)

SEIGLE. — 25 à 30 hectolitres par hectare. (Pèse à l'hectolitre de 70 à 72 kilos.)

RIZ. — De 2600 à 4000 kilos par hectare. (Pèse à l'hectolitre, de 48 à 50 kilos.)

CLASSE 68
Produits de la boulangerie et de la patisserie.

COAHUILA. (Arce Crescencio, Saltillo.)
> **2651.** — 1. Biscuit.
> **2652.** — 2. Biscuit. (Gomez Mauricio, Saltillo.)
> **2653.** — 3. Biscuit. (Guajardo Pedro, biscuit.)

PUEBLA (Gouv. de).
> **2654.** — 4. Pains de maïs aux pistaches.

QUERETARO (Gouv. de).
> **2655.** — 5. Bouquets.
> **2656.** — 6. Bouquets. (Moreno Dolores.)

CLASSE 69
Corps gras alimentaires, laitages et œufs.

AGUASCALIENTES (Gouv. de).
> 2657. — 1. Fromages.

CHIAPAS (Gouv. de).
> **2658.** — 2. Fromages en boules.

CHIHUAHUA (Gouv. de).
> **2659.** — 3. Beurre.
> **2660.** — 4. Huiles et graines. (Guillermo Franck D. F.)

DISTRICT FÉDÉRAL.

2661. — 5. Gâteaux au beurre et fromage. (Soulhac A.)

DURANGO (Gouv. de).

2662. — 6. Fromages.

GUERRERO (Gouv. de).

2663. — 7. Fromages et gâteaux au beurre.

JALISCO.

2664. — 8. Fromages. (Matuli J. Y.)

2665. — 9. Fromages. (Vizcaino V.)

MEXICO (Gouv. de).

2666. — 10. Huile.

2667. — 11. Huile. (Jaspeado Ruperto, Texcoco.)

2668. — 12. Huile et olives marinées et en saumure. (Vasquez, J., Ayosta.)

MICHOACAN (Gouv. de).

2669. — 13. Fromages.

OAXACA.

2670. — 14. Fromages. (Lanza, Z., Tlaxiaco.)

PUEBLA (Gouv. de).

2671. — 15. Fromages.

QUERETARO (Gouv. de).

2672. — 16. Fromages.

SAN LUIS POTOSI (Gouv. de).

2673. — 17. Fromages.

SINALOA (Gouv. de).

2674. — 18. Fromages.

SONORA (Gouv. de).

2675. — 19. Fromages et beurre.

TEPIC (Gouv. de).

2676. — 20. Fromages.

TLAXCALA (Gouv. de).

2677. — 21. Huiles.

VERACRUZ (Gouv. de).

2678. — 22. Huiles.

ZACATECAS (Gouv. de).

2679. — 23. Fromages.

CLASSE 70
Viande et poissons.

DISTRICT FÉDÉRAL. (Secrétariat de l'intérieur.)

2680. — 1. Viande de mouton séchée, poisson et crustacés séchés, œufs de chabot, poisson mariné.

DURANGO (Gouv. de).

2681. — 2. Viande de chèvre séchée.

GUANAJUATO (Gouvernement de).

2682. — 3. Extrait de viande.

JALISCO.

2683. — 4. Crustacés séchés. (Matuti J. Y.)

MEXICO (Gouv. de).

2684. — 5. Viande séchée et salée.

MICHOACAN (Gouv. de).

2685. — 6. Poissons dans l'huile.

OAXACA (Gouv. de).

2686. — 7. Poisson salé, crustacés séchés, œufs de tortue.

PUEBLA (Gouv. de).

2687. — 8. Viande conservée, Mole.

SAN LUIS POTOSI (Gouv. de).

2688. — 9. Viande de chèvre conservée.

SONORA (Gouv. de).

2689. — 10. Poisson salé.

TAMAULIPAS (Gouv. de).

2690. — 11. Poisson mariné.

CLASSE 71
Fruits et Légumes.

AGUASCALIENTES (Gouv. de).

2691. — 1. Pistaches, fruits mûrs, haricots.

BASSE-CALIFORNIE (Gouv. de la).

2692. — 2. Haricots, pois chiches, fruits secs.

2693. — 3. Dattes, figues, raisins secs. (Gorozave Vicente, Mulegé.)

CHIAPAS (Gouv. de).

2694. — 4. Haricots, ail.

CHIHUAHUA (Gouv. de).

2695. — 5. Haricots, fèves, gesse, pois chiches, lentilles, calebasses, noix, figues mûres, quartiers de coings,
pommes, oignons.

COAHUILA (Gouv. de).

2696. — 6. Haricots, garance, noix, quartiers de pêches, raisin
sec, figues mûres, tourtes de figues, oignons.

COLIMA (Gouv. de).

2697. — 7. Haricots, pois chiches, patates de montagne.

DISTRICT FÉDÉRAL. (Secrétariat de l'Intérieur.)

2698. — 8. Haricots, lentilles, fèves, cocos, tamarins.

DISTRICT FÉDÉRAL (Gouv. de).

2699. — 9. Haricots, pois chiches, gesse, lentilles, fèves.

2700. — 10. Haricots, gesse, fèves, pois chiches, lentilles, noix.
(École nationale d'agriculture.)

DURANGO (Gouv. de).

2701. — 11. Haricots, gesse, lentilles, pois chiches, fèves, noix,
châtaignes.

2702. — 12. Confitures. (Jaimes Joseía.)

2703. — 13. Figues sèches. (Viera Maximino.)

DURANGO.

2704. — 14. Haricots, gesse. (Zubiria Ana J.)

GUANAJUATO.

2705. — 15. Haricots, fèves, pois chiches, fromage de tuna. (Huerta Antonio.)

2706. — 16. Fruits secs. (Ramirez de Vargas J.)

HIDALGO (Gouv. de).

2707. — 17. Pois chiches, fèves, haricots.

JALISCO (Gouv. de).

2708. — 18. Haricots, garance, patates.

2709. — 19. Noix, prunes sèches. (Barcena M.)

2710. — 20. Haricots, garance, lentilles, fèves, noix, pommes de terre, pinhnica, pistaches, ail, fruits secs. (Matuti, J. Y.)

MEXICO (Gouv. de).

2711. — 21. Haricots, fèves, garance, pois chiches, lentilles, pommes de terre, fruits secs.

MICHOACAN (Gouv. de).

2712. — 22. Haricots, fève. garance, pois chiches, lentilles, cocos, tamarin, raisin sylvestre, calebasse, ail, platanes mûrs.

NUEVO LEON (Gouv. de).

2713. — 23. Haricots, garance, pommes de terre, patates, fruits secs.

OAXACA (Gouv. de).

2714. — 24. Haricots, pois chiches, fèves, garance, noix, cocos, petits cocos.

PUEBLA (Gouv. de).

2715. — 25. Fèves, haricots, pois chiches, garance, lentilles, pommes de terre, amande de pin, pistache, patate, noix, ail.

2716. — 26. Haricots. (Marron T. de P.)

PUEBLA.

2717. — 27. Fèves, haricots, lentilles, pois chiches. (Traslosheros, J. M., Acajete.)

QUERETARO (Gouv. de).

2718. — 28. Haricots, garance, lentilles.

2719. — 29. Fruits secs. (Gutierrez Florentino.)

SAN LUIS POTOSI (Gouv. de).

2720. — 30. Haricots, garance, fèves, patates, pistaches, pommes de terre, noix, fromage de tuna.

SINALOA (Gouv. de).

2721. — 31. Haricots, garance, cocos, platanes mûrs.

SONORA (Gouv. de).

2722. — 32. Haricots, garance, lentilles, ail, fruits secs.

TABASCO (Gouv. de).

2723. — 33. Haricots et tamarins.
2724. — 34. Amandes de pin. (Rosado D. G., Comalcalco.)

TAMAULIPAS (Gouv. de).

2725. — 35. Platane mûr.

TEPIC (Gouv. de).

2726. — 36. Haricots, garance, pistaches, cocos, calebasses, petits cocos, patates, yuca.

TLAXCALA (Gouv. de).

2727. — 37. Haricots, fèves.

VERACRUZ (Gouv. de)

2728. — 38. Fèves, haricots, pois chiches.

YUCATAN (Gouv. de).

2729. — 39. Haricots, yuca, sagou.

ZACATECAS (Gouv. de).

2730. — 40. Pois chiches, fèves, haricots, lentilles, pommes de terre, patates, ail, calebasses, quartiers de pêches, fromage de tuna.

Production agricole et poids à l'hectolitre.

POIS CHICHES. — De 12 à 30 hectolitres par hectare. (Poids à l'hectolitre, de 78 à 80 kilos.)

GARANCE. — De 8 à 16 hectolitres par hectare. (Poids à l'hectolitre, de 75 à 76 kilos.)

FÈVES. — De 24 à 48 hectolitres par hectare. (Poids à l'hectolitre : de 70 à 75 kilos.)

HARICOTS. — De 19 à 40 hectolitres par hectare. (Poids à l'hectolitre : de 75 à 80 kilos.)

LENTILLES. — De 8 à 20 hectolitres par hectare. (Poids à l'hectolitre : de 78 à 80 kilos.)

CLASSE 72
Condiments et stimulants. — Sucres et produits de la confiserie.

AGUASCALIENTES (Gouv. d').

2731. — 1. Piment, raisiné, vins de pommes et de coings.

BASSE-CALIFORNIE (Gouv. de).

2732. — 2. Sucre.
2733. — 3. Fruits conservés. (Bennett Henry.)
2734. — 4. Sel. (Nuño J. E.).

CHIAPAS (Gouv. de).

2735. — 5. Sucre, café de Simovojel, Pichucalco, Soconusco et Tuxtla Gutierrez, cacao cultivé et sauvage, anis, piments, roucou, sésame, gingembre, vanille, sel, fruits à l'eau-de-vie.

CHIHUAHUA (Gouv. de).

2736. — 6. Chocolat, piment, chiltepiquin, safran, coriandre, vinaigre, semence de calebasse.

COHAHUILA (Gouv. de).

2737. — 7. Fruits en conserve et en pâté, mélasse.
2738. — 8. Chocolat et chiltepin mariné. (Arteche Francisco, Saltillo.)
2739. — 9. Chiltepiquine mariné. (Ayala Bruno, Saltillo.)
2740. — 10. Conserves de fruits. (Lozano Pedro, P. Saltillo.)

COLIMA (Gouv. de).

2741. — 11. Café caracollilo, piment, conserve de goyave, citrons, oranges, raisin sauvage, azerole douce, mûre, ananas, coco et tuna sauvage.
2742. — 12. Café. (Vogel Arnoldo.)

DISTRICT FEDÉRAL (Secrétariat de l'Intérieur).

2743. — 13. Confitures en pâte, miel en rayon et en flacon, café, piment, nougat, de sésame et de miel, moutarde, mélasse, chia, semences de calebasse et de melon.

DISTRICT FÉDÉRAL (Gouv. de).

2744. — 14. Piment, sel, confitures.
2745. — 15. Café, chia, achiote, confitures. (École nationale d'agriculture.)

2746. — 16. Bitter et eaux gazeuses. (Bazax, J.)
2747. — 17. Liqueurs assorties. (Becerril y Ordoñez.)
2748. — 18. Café moulu. (Cervantes Gonzales Jesus.)
2749. — 19. Liqueurs assorties. (Garduño M.)
2750. — 20. Vin de coing. (Gonzalez Antonio.)
2751. — 21. Liqueurs assorties. (Gutierrez Pedro.)
2752. — 22. Vinaigre et liqueurs. (Lozano Donato, M.)
2753. — 23. Chocolat. (Llerena Manuel.)
2754. — 24. Bonbons et confiserie. (Perezcano Luis, G.)
2755. — 25. Pâtes de confitures. (R. de Aragon Concepcion.)
2756. — 26. Liqueurs assorties. (Xicluna Jorge.)
2757. — 27. Chocolat et café moulu. (Zepeda Francisco.)

DURANGO (Gouv. de).

2758. - 28. Anis, piment, chia, confitures de conserve.
2759. 29. Vin de coing. (Sarinaña Cruz.)
2760. - 30. Vin de coing. (Tovar Felipe.)

GUANAJUATO.

2761. - 31. Vin de pomme peron. (Arroyo Maria.)
2762. - 32. Vin de pomme. (Arroyo Rosario.)
2763. — 33. Fruits conservés et confitures. (Campa Nicolas.)
2764. — 34. Vin de tuna, vin de coing; piment, thé, miel de tuna, chiltepiquin au vinaigre et à l'huile. (Huerta Antonio.)
2765. — 35. Fruits conservés. (Ramirez de Vargas, J.)

GUERRERO (Gouv. de).

2766. — 36. Épi de maïs, sel, café.

HIDALGO (Gouv. de).

2767. — 37. Vin de pomme et de coing, nougat.

JALISCO (Gouv. de)

2768. - 38. Vin d'orange et de coing, sucre, café, cacao, vanille, fruits en conserve.
2769. 39. Café, mélasse, miel en ruche et en goutes, fruits à l'eau-de-vie. (Barcena Mariano.)
2770. 40. Épi de maïs. (Basani M. R., Tlacomulco.)
2771. 41. Café. (Cervantes A., Zapotlanejo.)
2772. — 42. Épi de maïs. (Cervantes R., Zapotlanejo.)
2773. — 43. Vin d'orange. (Cuervo J. G., Tequila.)
2774. — 44. Vin d'orange. (Davila Y.)
2775. - 45. Sel, épi de maïs. (Gomez, M., Sayula.)
2776. — 46. Vin de coing. (Gonzalez, J. M., Sayula.)
2777. - 47. Épi de maïs. (Guevara y Cia, Teocuitlatan.)
2778. — 48. Piment, conserves au vinaigre, miel de tuna. (Huerta, A.)

2779. — 49. Sucre, épi de maïs, dragées, piments, nougats, origan, safran, gingembre, chia. (Matuti, J. Y.)
2780. — 50. Café, (Montes, M., Cocula.)
2781. — 51. Café. (Morales, M.).
2782. — 52. Épi de maïs. (Peña, E., Zopotlanejo.)
2783. — 53. Vin de coing. (Perez, M., Zapotlanejo.)
2784. — 54. Sucre. (Remes, Vve et fille.)
2785. — 55. Vin tonique. (Rigel, L. G., Yahualica.)
2786. — 56. Vins de coing, de café et d'orange. (Rio (A. del). Ahualulco.)
2787. — 57. Café. (Vidriales, J.)
2788. — 58. Chilpotle et conserve de tuna. (Villaseñor, J.)

MEXICO (Gouv. de).

2789. — 59. Mélasse, nougat.

MICHOACAN (Gouv. de).

2790. — 60. Échantillons de sucre et de mélasse, café et caracolillo, thés, cacao, confitures conservées et en pâte, piment, nougat, sel, vins d'orange et de coing.

MORELOS (Gouv. de).

2791. — 61. Café, nougat de sésame et de maïs, achiote, semence de melon.
2792. — 62. Sucre. (Hacienda de Acamilpa.)
2793. — 63. Sucre et café. (Hacienda de Atlacomulco.)
2794. — 64. Sucre. (Hacienda de Buenavista.)
2795. — 65. Sucre et moscabado. (Hacienda de Calderon.)
2796. — 66. Sucre. (Hacienda de Casasano.)
2797. — 67. Sucre. (Hacienda de Huacalco.(
2798. — 68. Sucre et moscabado. (Testamentaria de Mendoza Cortina.)
2799. — 69. Sucre. (Hacienda de Puente de Xochi.)
2800. — 70. Sucre. (Larmina Sixto.)
2801. — 71. Sucre. (Hacienda de Santa Clara.)
2802. — 72. Sucre. (Hacienda de Santa Cruz.)
2803. — 73. Sucre. (Hacienda de San Nicolas.)
2804. — 74. Sucre. (Hacienda de Santa Ines.)
2805. — 75. Sucre. (Hacienda de Temisco.)
2806. — 76. Sucre. (Hacienda de Tenango.)

MORELOS.

2807. — 77. Sucre. (Hacienda de Treinta.)
2808. — 78. Sucre. (Hacienda de Zacatepec.)

NUEVO LEON (Gouv. de).

2809. — 79. Sucre.
2810. — 80. Sucre. (Pedro Maiz.)

OAXACA (Gouv. de).

 2811. — 81. Sucre, miel, café, cacao, piments, compote, fruits à l'acool semence de calebasse, liqueurs assorties.

 2812. — 82. Sucre. (Esperon frères.)

 2813. — 83. Café. (Garcia Margarito, Miahuatlan.)

PUEBLA (Gouv. de).

 2814. — 84. Sucre, compote, café, cacao, chocolat, anis, cumin, coriandre, sésame, piments secs et marinés, vinaigre, nougat semence de calebasse, tubercules dans l'alcool, confitures conservées et en pâte, gelées, liqueurs de pomme, cerises capuli, coing, mûre, etc.

 2815. — 85. Sucre. (Cacho et frère, Tehuacan.)

 2816. — 86. Sucre. (Cardoso F., Atlixco.)

 2817. — 87. Liqueurs. (Galicia C., Acatzingo.)

 2818. — 88. Sucre, café, piment. Marron (F. de).

 2819. — 89. Sucre. (Teruel C. G.)

 2820. — 90· Sucre. (Trapaga A., Tehuacan.)

PUEBLA.

 2821. — 91. Sucre. (Yllescas R.)

QUERETARO (Gouv. de).

 2822. — 92. Vins de coing et d'orange, piment.

 2823. — 93. Confitures couvertes et en sirop. (Gutierrez Florentino).

SAN LUIS POTOSI (Gouv. de).

 2824. — 94. Sucre, mélasse, café, miel et liqueur de tuna, piment et chiltepiquin dans le vinaigre.

SINALOA (Gouv. de).

 2825. — 95. Sucre, café, sel, confitures, sauce pimentée.

 2826. — 96. Sucre. (Redo et Cie.)

SONORA (Gouv. de).

 2827. — 97. Sel, piment.

TABASCO (Gouv. de).

 2828. — 98. Cacao, piment, coriandre, moutarde, anet, café, chia.

 2829. — 99. Cacao, thé, piment, fruits en conserve. (Rosado Desiderio G.)

TAMAULIPAS (Gouv. de).

 2830 — 100. Mélasse, sel, vanille.

 2831. — 101. Piment mariné. (Casasus T.)

 2832. — 102. Anisette de Mallorca. (Filisola frères.)

TEPIC (Gouv. de).

2833. — 103. Café commun et caracolillo, sel, platanes murs.

2834. — 104. Sucre en pains et en poudre. (Barron Forbes et Cie.)

TLAXCALA (Gouv. de).

2835. — 105. Piment.

2836. — 106. Vinaigre de maguey (agave). (Grajales Mariano.)

VERACRUZ (Gouv. de).

2837. — 107. Café commun et caracolillo, chocolat, sucre, compote, piments secs et marinés, nougat.

2838. — 108. Café. (Brook J. F.)

2839. — 109. Petit café. (Carrera C., Cordoba.)

2840. — 110. Vanille. (Chena A., Papantla.)

2841. — 111. Cherry cordial. (Chinchurreta J.)

2842. — 112. Liqueurs variées. (Cué et Escandon.)

2843. — 113. Vin d'orange. (Rebolledo D., Contepec.)

2844. — 114. Vin de pomme. (Soto Sotero.)

2845. — 115. Vanille. (Tremari Pedro, Papantla.)

2846. — 116. Liqueurs variées. (Vela J. M., Jalapa.)

YUCATAN (Gouv. de).

2847. — 117. Achiote, canelon, piments, chocolat, bouchons, confitures, essences de fruits.

ZACATECAS (Gouv. de).

2848. — 118. Piment, mélasse, confitures en pâte et en conserve.

CLASSE 73

Boissons fermentées.

AGUASCALIENTES (Gouv. de).

2849. — 1. Vin blanc, eau-de-vie de canne.

2850. — 2. Vin blanc, vin rouge, eau-de-vie de marc. (Audinot F.)

BASSE-CALIFORNIE (Gouv. de).

2851. — 3. Eau-de-vie de maguey (agave).

2852. — 4. Vin rouge. (Gorozane V., Mulegé.)

2853. — 5. Bière. (Maner et Cie, A. C., Mulegé.)

CHIAPAS (Gouv. de).

2854. — 6. Eau-de-vie de maguey et de canne.

CHIHUAHUA (Gouv. de).

2855. — 7. Vin blanc, vin rouge, eau-de-vie de maguey, sotol.

2856. — 8. Vin rouge (Alexander E. C., Juarez.)

2857. — 9. Vin blanc et vin rouge. (Gutierrez et Testory C., Juarez.)

2858. — 10. Vin rouge. (Maynes Manuel., C. Juarez.)

2859. — 11. Vin blanc et vin rouge. (Ponce Fernando, C. Juarez.)

2860. — 12. Vin rouge. (Sanmaniego Mariano, C. Juarez.)

COAHUILA (Gouv. de).

2861. — 13. Vin doux, vin carlon, eaux-de-vie de raisin et de canne, eau-de-vie de maguey de 21° à 30°.

2862. — 14. Vins rouge et blanc, eau-de-vie de raisin. (Cie vinicole du Nord, Parras.)

2863. — 15. — Vins rouge, blanc et évaporé. (Lajous René, Parras.

COAHUILA.

2864. — 16. Vin blanc doux et sec, vin aillé, vin évaporé, eau-de-vie de raisin. (Madero et Cie, Parras.)

2865. — 17. Vins rouge évaporé, de conservation, et eau-de-vie de raisin. (Rojo Remigio, Parras.)

COLIMA (Gouv. de).

2866. — 18. Vin de raisin sauvage.

2867. — 19. Eau-de-vie de canne. (Santa Cruz, Ochoa et Cie.)

DISTRICT FÉDÉRAL (Gouv. du).

2868. — 20. Eaux-de-vie de canne, de maguey, vin rouge.

2869. — 21. Eaux-de-vie de maguey et de canne. (École nationale d'agriculture.)

2870. — 22. Eau-de-vie de raisin. (Loera Grat Ch. F.)

2871. — 23. Vin de raisin, vin blanc Xochitl et rouge Cuahtemoc. (Perez J. J.)

2872. — 24. Pulque conservé. (Piña Joaquin.)

2873. — 25. Vin rouge. (Reynaud et Salles.)

2874. — 26. Bière. (Dreher et Cie.)

DURANGO (Gouv. de).

2875. — 27. Vin de raisin sec, vin carlon, eau-de-vie de maguey, bière.

2876. — 28. Vin sec. (Barraza Francisco.)

2877. — 29. Eau-de-vie de maguey. (Chavez Porfirio, Mezquital.)

2878. — 30. Eau-de-vie de maguey. (Gomez del Palacio Francisco.)

2879. — 31. Eau-de-vie de maguey villero. (Guzman Francisco, Nombre de Dios.)

DURANGO.

2880. — 32. Vin rouge. (Hermandez Jesus, Nombre de Dios.)

2881. — 33. Vins blanc et rouge. (Rios Jesus.)
2882. — 34. Vin rouge. (Sariñana Cruz.)
2883. — 35. Vin de raisin. (Tovar Felipe de J., Nombre de Dios.)
2884. — 36. Vin de raisin. (Tovar successeurs, Felipe.)
2885. — 37. Vin de raisin. (Torres J. P., Nazas.)

GUANAJUATO (Gouv. de).

2886. — 38. Vin de raisin.
2887. — 39. Eau-de-vie de maguey ordinaire et fine. (Huerta Antonio.)

GUERRERO (Gouv. de).

2888. — 40. Eau-de-vie de canne.

HIDALGO (Gouv. de).

2889. — 41. Pulque conservé et eau-de-vie de maguey.
2890. — 42. Vin aztèque. (Enciso B. M., Apam.)
2891. — 43. Eau-de-vie de maguey. (Espejel E., Apam.)
2892. — 44. Vin, baume et eau-de-vie de maguey, pulque conservé.
(Grajales Mariano, Apam.)

JALISCO (Gouv. de).

2893. — 45. Vins blanc et rouge, eaux-de-vie de canne et de maguey,
bière.
2894. — 46. Eau-de-vie de maguey. (Arias Claro.)
2895. — 47. Eau-de-vie de maguey et de canne. (Barcena Mariano.)
2896. — 48. Eau-de-vie de maguey. (Covarrubias Aniceto, S. Gabriel.)

JALISCO.

2897. — 49. Eau-de-vie de maguey. (Curiel Miguel.)
2898. — 50. Vin rouge, Jerez. (Davila Ignacio, Guadalajara.)
2899. — 51. Eau-de-vie de maguey. (Gallardo Silverio, Ahualulco.)
2900. — 52. Eau-de-vie de maguey. (Gomez Geronimo.)
2901. — 53. Vin blanc, Jerez. (Gonzalez J. M., Zayula.)
2902. — 54. Eau-de-vie de maguey. (Jimenez Miguel.)
2903. — 55. Eau-de-vie de maguey. (Labastida frères, Teuchtitlan.)
2904. — 56. Eau-de-vie de maguey. (Labastida Louis, Teuchtillan.)
2905. — 57. Eau-de-vie de maguey. (Madrid Eliseo-Ahualulco.)
2906. — 58. Eau-de-vie de maguey. (Martinez Lino, Tequila.)
2907. — 59. Eau-de-vie de maguey et de canne. (Matuti J. Y., Guadalajara.)
2908. — 60. Eau-de-vie de canne. (Morales Miguel.)
2909. — 61. Eau-de-vie de maguey. (Ocaranza J. A. Ahualulco.)
2910. — 62. Eau-de-vie de maguey. (Portillo J. M. Guadalajara.)
2911. — 63. Eau-de-vie de canne. (Rio (Antonio del), Ahualulco.)
2912. — 64. Eau-de-vie de maguey. (A. de Rios Tecla, Ahualulco.)
2913. — 65. Eau-de-vie de maguey. (Romero Francisco, Tequila.)

JALISCO.

2914. — 66. Eau-de-vie de maguey. (Salas Pascual M., Tequila.)
2915. — 67. Eau-de-vie de maguey. (Sevilla Cristobal, Cocula.)

MICHOACAN (Gouv. de).

2916. — 68. Eaux-de-vie de maguey et de canne.

MORELOS (Gouv. de).

2917. — 69. Eau-de-vie de maguey.
2918. — 70. Eau-de-vie de canne. (Hacienda de Acamilpa.)
2919. — 71. Eau-de-vie de maguey. (Hacienda de Apatlaco.)
2920. — 72. Eau-de-vie de canne. (Hacienda de Atlacomulco.)
2921. — 73. Eau-de-vie de canne. (Hacienda de Axocomulco.)
2922. — 74. Eau-de-vie de canne. (Hacienda de Buenavista.)
2923. — 75. Eau-de-vie de canne. (Hacienda de Calderon.)
2924. — 76. Eau-de-vie de canne. (Hacienda de l'hôpital.)
2925. — 77. Eau-de-vie de canne. (Hacienda de Huacalco.)
2926. — 78. Eau-de-vie de maguey. (Hacienda de Miacatlan.)
2927. — 79. Eau-de-vie de canne. (Sarmina Sixto.)
2928. — 80. Eau-de-vie de canne. (Hacienda de Santa Ana.)
2929. — 81. Eau-de-vie de canne. (Hacienda de San Sabino.)
2930. — 82. Eau-de-vie de canne. (Hacienda de Santa Ines.)
2931. — 83. Eau-de-vie de canne. (Hacienda de Temisco.)
2932. — 84. Eau-de-vie de canne. (Hacienda de Tenango.)
2933. — 85. Eau-de-vie de canne. (Testamentaria Mendoza Cortina.)
2934. — 86. Eau-de-vie de maguey. (Hacienda de Tlalquitenango.)
2935. — 87. Eau-de-vie de maguey. (Hacienda de Tlaltizapan.)
2936. — 88. Eau-de-vie de maguey. (Hacienda de Yautepec.)

NUEVO LEON (Gouv. de).

2937. — 89. Eau-de-vie de canne.
2938. — 90. Eau-de-vie de maguey. (Villareal Vicente.)

OAXACA (Gouv. de).

2939. — 91. Eaux-de-vie de maguey et de canne.
2940. — 92. Eau-de-vie de canne. (Esperon frères.)

PUEBLA (Gouv. de).

2941. — 93. Vin de raisin sec, eaux-de-vie de maguey et de canne.
2942. — 94. Eau-de-vie de canne. Marron (Francisco de P.).

QUERETARO (Gouv. de).

2943. — 95. Eau-de-vie de maguey ordinaire et fine.

SAN LUIS POTOSI (Gouv. de).

2944. — 96. Vin de raisin, eaux-de-vie de maguey, de canne et de
tuna.

2945. — 97. Eau-de-vie de maguey. (Cabrera Octaviano.)

2946. — 98. Eau-de-vie de maguey. (Hernandez Soberon Matias.)

2947. — 99. Vin rouge. (Ypiña José E., Bledos.)

SAN LUIS POTOSI.

2948. — 100. Bière. (Otahegui successeurs J. M.)

2949. — 101. Bière. (Pons Pedro.)

2950. — 102. Eau-de-vie de maguey. (Ramirez et fils, Ladislas.)

SINALOA (Gouv. de).

2951. — 103. Eau-de-vie de maguey.

2952. — 104. Eau-de-vie de maguey. (Peiro, Retes et Cie, Pericos.)

2953. — 105. Eau-de-vie de canne. Redo et Cie.)

2954. — 106. Eau-de-vie de maguey. (Rivera Jesus.)

2955. — 107. Bière. (Vidales Juan.)

SONORA (Gouv. de).

2956. — 108. Eau-de-vie de maguey.

TAMAULIPAS.

2957. — 109. Eau-de-vie de maguey. (Hinojosa Manuel M. C., Victoria.)

TEPIC (Gouv. de).

2958. — 110. Eau-de-vie de maguey.

TLAXCALA.

2959. — 111. Vin et alcool de maguey. (Muñoz Mariano, Calpulalpam.)

VERACRUZ (Gouv. de).

2960. — 112. Vin rouge et eau-de-vie de canne.

2961. — 113. Bière triple. (Argumedo C. M., Orizaba.)

2962. — 114. Eau-de-vie de canné. (Cesar Francisco de P., Jalapa.)

2963. — 115. Cognac, rhum et genièvre. (Chinchurreta J.).

2964. — 116. Eau-de-vie de canne. (Cué Prudencio, Coatepec.)

VERACRUZ.

2965. — 117. Rhum et eau-de-vie de canne. (Luelmo, Pasquel et Cie,
Jalapa.)

2966. — 118. Vin de raisin sauvage et eau-de-vie. (Pasquel F. de P.)

YUCATAN (Gouv. de).

2967. — 119. Eau-de-vie de canne et havanaise.

ZACATECAS (Gouv. de).

2968. — 120. Vins blanc et rouge, eaux-de-vie de maguey et de
          cane, sotol.
2969. — 121. Vin rouge. (Fuertes Agustin.)
2970. — 122. Eau-de-vie de maguey. (Herrera Teodoro.)
2971. — 123. Vin rouge et eau-de-vie de maguey. (Yguera
          Zacharias, Espiritu Santo.)
2972. — 124. Eau-de-vie de maguey. (Nieto J. M.)
2973. — 125. Eau-de-vie de maguey. (Nieto Marcos.)
2974. — 126. Eau-de-vie de maguey. Partearroyo (J. Gil de).
2975. — 127. Vin rouge. (Rivera Pedro.)
2976. — 128. Eau-de-vie de maguey. (Luis de la Rosa y Berriozabal,
          Pinos.)
2977. — 129. Eaux-de-vie de maguey et de canne. (Soto Benigno.)
2978. — 130. Vin rouge et doux. (Zertuche et Fuertes.)

Analyse de l'eau-de-vie du maguey (agave).

Alcool éthylique.	30
Acides lactique et acétique.	3
Éther acétique et produits éthérés non déterminés.	2
Eau.	65
Agavine.	»
	100

GROUPE VIII

AGRICULTURE, VITICULTURE ET PISCICULTURE.

CLASSE 73 *bis*

Agronomie. — Statistique agricole.

DISTRICT FÉDÉRAL.

2979. — 1. Cartes agrologiques, hydrographiques, climatériques et agronomiques. (École nationale d'agriculture.)
2980. — 1ª. Collection de dessins des élèves.
2981. — 1ᵇ. Publications sur les statistiques agricoles.
2982 — 1ᶜ. Traités de cultures spéciales.
2983. — 2. Culture du maguey et du maïs, Éléments d'agriculture, Traité des plantes industrielles. (Segura J. C.)

CLASSE 73 *ter*

Organisation, méthodes et matériel de l'enseignement agricole.

DISTRICT FÉDÉRAL.

2984. — 1. Plan de l'école et de ses champs d'expériences. (École nationale d'agriculture.)
2985. — 2. Programme des études et œuvres originales. (École nationale d'agriculture.)

CLASSE 74

Spécimens d'exploitations rurales et d'usines agricoles.

DISTRICT FÉDÉRAL.

2986. — 1. Photographies des machines agricoles en service. (École nationale d'agriculture.)

2987. — 1ᵃ. Photographies d'établissements industriels.
2988. — 1ᵇ. Photographies d'animaux reproducteurs.
2989. — 1ᶜ. Photographies représentant la marque du bétail.

CLASSE 75
Viticulture.

DISTRICT FÉDÉRAL.
2990. — 1. Collection de ceps vivants. (École nationale d'agriculture.)
HIDALGO.
2991. — 2. Modèle de cellier pour le pulque. (Espejel E.)

CLASSE 76
Insectes utiles et insectes nuisibles.

COLIMA (Gouv. de).
2992. — 1. Mayates destructeurs des palmiers.
DISTRICT FÉDÉRAL.
2993. — 2. Exposé des moyens employés pour détruire les sauterelles. (Segura J. C.)

DURANGO (Gouv. de).
2994. — 3. Insectes.

PUEBLA (Gouv. de).
2995. — 4. Insectes.

YUCATAN (Gouv. de).
2996. — 5. Insectes.

GROUPE IX

HORTICULTURE

CLASSE 79
Fleurs et plantes d'ornement.

SECRÉTARIAT DE FOMENTO.

2997. — 1. Apocinées. (Cordoba, 2; District fédéral.)
2998. — 1ᵃ. Composées. (Cordoba, 6; idem.)
2999. — 1ᵇ. Polygonées. (Cordoba, 1; idem.)
3000. — 1ᶜ. Cactées. (Actopan, 3; Querétaro, 45; Tehuacan, 29; Zacatecas, 3.)
3001. — 1ᵈ. Cereus. (Actopan, 7; District fédéral, 6; Queretaro, 8; Tehuacan, 18.)
3002. — 1ᵉ. Mamilliaires. (Tehuacan, 2; District fédéral.)
3003. — 1ᶠ. Nopal. (Actopan, 19; District fédéral, 3; Querétaro, 22; District fédéral.)
3004. — 1ᵍ. Pilocerens. (Actopan, 3; District fédéral.)
3005. — 1ʰ. Arahacées. (Cordoba, 5; idem.)
3006. — 1ⁱ. Amaryllidées. (Tehuacan, 20; Tamaulipas, 6; Hidalgo, 6; District fédéral, 2; Yucatan, District fédéral.)
3007. — 1ʲ. Aroïdées. (Cordoba, 16; District fédéral.)
3008. — 1ˡ. Broméliacées. (Real del Monte, 17; Querétaro, 14; District fédéral.)
3009. — 1ᵐ. Begoniacées. (Cordoba, 4; District fédéral.)
3010. — 1ⁿ. Cicadées. (Cordoba, 5; District fédéral.)
3011. — 1ᵒ. Fougères. (Cordoba, 20; idem.)
3012. — 1ᵖ. Iridées. (Cordoba, 2; idem.)
3013. — 1�q. Liliacées. (Cordoba, 5; idem.)
3014. — flʳ. Musacées. (Cordoba, 5; idem.)
3015. — 1ˢ. Orchidées. (Orizaba, 68; idem.)
3016. — 1ᵗ. Palmiers. (Cordoba, 28; idem.)

GUSTAN SCHEIBE.

3017. — 2. Cactées. (Diverses contrées du Mexique, 185; District fédéral.)

2018. — 2ª. Orchidées. (Orizaba, 85; en paniers séparés.)
2019. — 2ᵇ. Orizaba, 8; Orizaba, 18; District fédéral.
2020. — 2ᶜ. Amaryllidées. État de Hidalgo, 12; District fédéral.)

GOUVERNEMENT DE JALISCO.

3021. — 3. Amaryllidées. (Barranco de Portillo, 13; Guadalajara, 25; Guadalajara.)
3022. — 3ª. Cactées. (Guadalajara, 23; Guadalajara.)
3023. — 3ᵇ. Myrtacées. (Guadalajara, 1; Guadalajara.)
3024. — 3ᶜ. Horax. (Guadalajara, 1; Guadalajara.)

SAN LUIS POTOSI (Gouv. de).

3025. — 4. Amaryllidées. (Rio Verde, 6; San Luis Potosi.)
3026. — 4ª. Dasilirios. (San Luis, 30; San Luis Potosi.)

TABLE ALPHABÉTIQUE

—

A

19320. — Imprimerie A. Lahure, rue de Fleurus, 9, à Paris.